智慧水务技术与解决方案

王建辉　齐高相　郭智威　申　渝　高　旭　著

图书在版编目（CIP）数据

智慧水务技术与解决方案 / 王建辉等著. —成都：西南交通大学出版社，2020.4（2021.7 重印）
ISBN 978-7-5643-7419-8

Ⅰ.①智… Ⅱ.①王… Ⅲ.①城市用水－水资源管理－研究－中国 Ⅳ.①TU991.31

中国版本图书馆 CIP 数据核字（2020）第 068426 号

Zhihui Shuiwu Jishu yu Jiejue Fangan
智慧水务技术与解决方案

王建辉　齐高相　郭智威　申渝　高旭／著	责任编辑／李华宇
	封面设计／何东琳设计工作室

西南交通大学出版社出版发行
（四川省成都市金牛区二环路北一段 111 号西南交通大学创新大厦 21 楼　610031）
发行部电话：028-87600564　　028-87600533
网址：http://www.xnjdcbs.com
印刷：四川森林印务有限责任公司

成品尺寸　　185 mm×260 mm
印张　10　　字数　287 千
版次　2020 年 4 月第 1 版　　印次　2021 年 7 月第 2 次

书号　ISBN 978-7-5643-7419-8
定价　88.00 元

图书如有印装质量问题　本社负责退换
版权所有　盗版必究　举报电话：028-87600562

前言

近 10 年来，随着人工智能、物联网、大数据、云计算等技术的发展及在各领域的应用，智慧城市快速发展，智慧交通、智慧水务等相关领域得到了广泛关注和研究。包含智慧水务在内的大多数"智慧+行业"的技术与解决方案的核心目标都是：借助信息技术等手段，将依赖人工经验的"灰箱"管理模式升级为高效、稳定、精细的智能化管理，保障系统的高效性、稳定性、可靠性和经济性，提升管理和服务水平。

水务领域从业者和研究者意识到了利用人工智能代替人的经验对水务系统进行管理的价值和意义，以及智慧水务在城市与村镇供水系统管理、集中式污水处理、分散式点源污染治理等领域的巨大应用潜力。但由于水务系统的复杂性、非线性和时变性等原因，现状是，想做的人很多，在做的人不少，重大突破不够，基本建成者寥寥。所幸的是，智慧城市等相关政策的支持，供水保障需求与水污染治理的要求，人工智能、大数据、5G通信等新技术的支撑，智慧交通等相对成熟领域的经验，共同推开了通往未来智慧水务的大门。在"智慧+"的风口中，智慧水务领域的市场需求、资本规模及进军队伍都日益扩大，华为、腾讯、中国移动、万科等越来越多不同领域的企业和资本涌入智慧水务市场。2019 年 12 月，华为技术有限公司中标深圳市智慧水务一期工程，中标价达 4.45 亿元，创下近年智慧水务项目中标价新高。互联网、通信、房地产等领域巨头的跨行业进军，一方面注入了技术和资本力量，另一方面也发挥了"鲶鱼效应"，刺激环保企业、水务公司在智慧水务领域不断创新和突破。

本书由智慧水务领域的研究者、从业者共同撰写。书中从水务系统发展演变，总结当前水务行业面临的机遇与挑战，分析水务行业发展趋势及相关技术，系统梳理了智慧水务典型应用场景的原理、技术和设计方案，并讨论了智慧水务领域的发展前景。智慧水务研究领域的一个普遍认识是：传感器+执行器+物联网+人工智能=智慧水务。按照该框架分析智慧水务的发展前景：在传感器层面，水质、水量、水压等指标的准确、快捷、高频、经济、无污染监测将是未来的发展热点，卫星遥感、无人机遥测及其他非接触式监测理论与技术是最有可能取得突破的方向；在执行器层面，用于进水控制、精细曝气和精准投药的新型可控水泵、风机、阀门等已经上市，但其性能和价格需要进一步优化，以便中小型自来水厂和污水处理厂可以承担设备升级改造的成本；在物联网层面，智慧水务可能融入区块链、5G 通信等新技术，保障云端与设备、设备与设备之间的通信稳定、及时和安全；在人工智能层面，将深度融合机理模型和数据模型，充分发挥两类建模方案的优势，整合两个方向下的新技术，构建更加完善的水务系统管理"智慧大脑"，满足不同工艺类型、不同处理规模的老厂、扩建厂和新建厂等不同情境下的智能管理需求。

本书第 2 篇和第 3 篇第 10、11 章由王建辉博士牵头撰写，约 11.2 万字；第 4 篇由齐高相博士牵头撰写，约 9 万字；第 1 篇和第 3 篇第 8、9 章由郭智威博士牵头撰写，约 8.5 万字。感谢申渝研究员、高旭教授对全书内容的建议、指导和把关，感谢本课题组陈佳、范兴容、周月明、张冰等老师的支持和帮助，感谢本课题组游庆国、黄冬梅、李超、曾闻茹、万柯佚等研究生参与资料收集、文献检索与整理工作。此外，感谢重庆交通大学郑旭煦教授的支持与帮助，感谢重庆中法环保研发中心有限公司的鲜吉成、冯东、季久翠等工程师倾囊相助，从水务行业从业者的角度给出了许多宝贵的建议和帮助。

本书受到国家重点研发计划项目（2016YFE0205600）、重庆市科技局重点项目（cstc2018jszx-zdyfxmX0008 和 cstc2018jszx-cyztzxX0029）、管理科学与工程重庆市重点学科数据与信息管理团队项目（ZDPTTD201917）、中国博士后科学基金项目（2019M653825XB）、重庆市自然科学基金博士后项目（cstc2019jcyj-bshX0061）、重庆市水务资产经营有限公司博士后研究项目（2019SWZC-bsh001）的资助，同时还受到重庆南向泰斯环保技术研究院及重庆工商大学国家智能制造服务国际科技合作基地的支持。

智慧水务是近年来快速发展的行业，具有广阔的应用前景和市场需求，但无论是智慧水务的研究还是实践，在新技术应用、新理论创建和新装备开发等方面，还只是开始，有很多难题需要解决。由于时间仓促，水平有限，书中难免有疏漏之处，敬请广大同行读者朋友批评指正。

作 者

2020 年 1 月于重庆

目录

第1篇 水务系统

1 水务系统概述 ······ 001
  1.1 水 务 ······ 001
  1.2 水务系统 ······ 002

2 水务系统的现状与挑战 ······ 004
  2.1 水务系统的建设现状 ······ 004
  2.2 水务行业面临的挑战 ······ 005

3 水务行业发展趋势——智慧水务 ······ 007
  3.1 水务行业的发展对策 ······ 007
  3.2 智慧水务概述 ······ 009
  3.3 智慧水务相关技术 ······ 012

第2篇 智慧供水系统

4 饮用水水源地智能管理解决方案 ······ 015
  4.1 我国饮用水水源地现状 ······ 015
  4.2 水源地管理理论与技术 ······ 020
  4.3 水源地智能管理典型设计方案 ······ 023

5 供水处理系统智能控制解决方案 ······ 026
  5.1 供水处理 ······ 026
  5.2 核心工艺单元自动控制 ······ 027
  5.3 供水处理系统智能控制典型设计方案 ······ 032

6 供水管网系统智能运维解决方案 ······ 036
  6.1 供水管网监测方法 ······ 036
  6.2 供水管网模型 ······ 039
  6.3 供水管网智能运维技术 ······ 040
  6.4 供水管网智能运维典型设计方案 ······ 046

7 用户端智能服务解决方案 ······ 049
  7.1 智能监测预警服务 ······ 049
  7.2 智能客户服务 ······ 051
  7.3 用户端智能服务系统典型设计方案 ······ 053

第3篇 智慧污水系统

8 污水水质水量预测解决方案 ··· 055
    8.1 污水水质水量预测需求 ··· 055
    8.2 污水水质水量预测技术 ··· 056
    8.3 典型设计方案 ··· 059

9 污水处理设施智能运行解决方案 ··· 062
    9.1 污水处理设施运行现状和需求 ·· 062
    9.2 设施智能监测系统 ·· 069
    9.3 设施智能调控技术与设备 ··· 071
    9.4 污水处理设施升级典型设计方案 ···································· 075

10 污水处理系统智能管理解决方案 ··· 079
    10.1 数据模型方案 ··· 079
    10.2 机理模型方案 ··· 081
    10.3 机理模型与数据模型融合方案 ······································ 083
    10.4 预案库方案 ··· 084

11 污水处理厂群云管理解决方案 ··· 086
    11.1 厂群云管理的需求 ··· 086
    11.2 厂群云管理原理和技术 ·· 090
    11.3 厂群云管理平台设计方案 ·· 094

第4篇 智慧水务应用现状与前景

12 智慧供水系统应用 ··· 099
    12.1 水源地智能综合管理系统 ··· 100
    12.2 水厂智能管理系统 ··· 103
    12.3 供水管网智能管理系统 ·· 106
    12.4 用户端智能综合管理系统 ··· 114

13 智慧污水系统应用 ··· 119
    13.1 曝气智能控制系统 ··· 119
    13.2 智能综合管理系统 ··· 124
    13.3 农村地区智慧污水系统 ·· 128

14 智慧水务发展前景 ··· 130
    14.1 发展中国特色智慧水务系统 ··· 130
    14.2 与新技术、新理论结合 ·· 136
    14.3 智慧水务的前景 ·· 141

参考文献 ·· 149

第 1 篇 水务系统

1 水务系统概述

1.1 水 务

水务是指与日常生活用水、工业用水和农业用水有着密切联系的，以水循环为机理、以水资源统一管理为核心的所有关于水的事物。水务主要包括水资源、灌溉、城乡防洪、城乡供水、用水、排水、污水的回收与处理及利用、农田水利、水土保持、农村水电等涉水事务[1]。"水务"一词是由英文"Water Affairs"翻译演化而来。国外水务公司的服务最初只是供水，随着社会经济的不断发展，其业务范围逐渐扩大到水净化处理、供水管网、排水等，有的甚至扩大到能源、交通等方面。

中国是一个农业大国，追溯到古代也十分重视水务管理。历代的政府部门都设立了专门的水资源管理机构。秦朝时期，设立都水长丞，主要负责管理灌溉，维护河渠；汉武帝时期，设置都水使者，东汉时期改为河堤谒者；西汉末期，又设立了"大司空"作为中央政权机关中主管水土等工程的最高行政长官；隋唐至元，改为水监，主要负责河渠、堤灌等；明朝时期与工部合并，改为都水清吏，由皇室临时委派政府官员专门负责大江大河的管理。

中华人民共和国成立后，于 1952 年将农田水利和水土保持工作划归水利部管辖。直到 1984 年，确立水利电力部为全国水资源综合管理部门，明确重新组建的水利部为国务院的水行政主管部门，负责全国水资源的统一管理和省级水行政主管部门的统筹安排[2]。1998—2010 年，水务建设迎来了改革开放后的第一个高潮。在这一阶段，随着我国对水环境治理的重视程度不断加深，水生态的修复工作全力推进，水环境恶化的苗头得到一定程度的遏制，并且水生态的恶化趋势也明显减缓；我国开启了在治水模式上的重大转变，水务发展大幅度引入新理念、新思路和新手段，从传统水务逐步转为现代化水务和持续化水务。2011 年至今，是我国水务加速发展的黄金时期，我国水务行业资源配置进一步合理化，水资源利用进一步高效化，水环境明显改善，水生态恶化趋势和水资源供需矛盾得到进一步缓解。

水务行业是中国乃至整个世界所有国家和地区最重要的城市基本服务行业之一，是城市生存与发展的自然资源基础和经济资源基础。如图 1-1 所示，水务行业的业务涵盖了水源保护、供水工程、排水工程和污水处理。

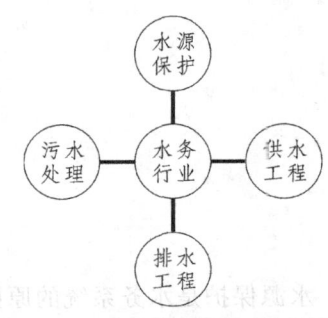

图 1-1 水务行业的业务范围

水源保护是指为防治水源污染、保证水源水质及周边环境质量而要求的特殊保护。水源保护应当遵循保护优先、防治污染、保障水质安全的原则。防治水污染和保护饮用水水源对于饮水安全、社会安定、经济发展有着十分重大的意义。

供水工程包括供水系统、设计用水量等工程情况，可细分为输水工程、配水工程、供水处理等，广义的供水工程还包含了抄表收费、管网运维等业务。

排水工程是指排出人类生活污水、各种生产废水和多余地面水的工程，包含排水系统设计、建设和运维等，主要由排水管网、检查井等组成。

污水处理是指污水处理厂或污水处理站，为了使污水在排入某一水体或者再次使用时不会对环境和水域产生危害，而对污水进行净化处理的过程，利用物理、化学和生物方法对废水进行处理，以达到废水回收、复用并充分利用水资源的目的。

1.2 水务系统

根据水务行业的业务范围，水务系统可分为水源保护、供水系统、排水系统和污水处理系统这四个部分，如图1-2所示。这四个系统都对整个水务系统起着一定的促进或制约作用，它们相互融合构成了一个水资源开发利用和保护的循环系统[3]。

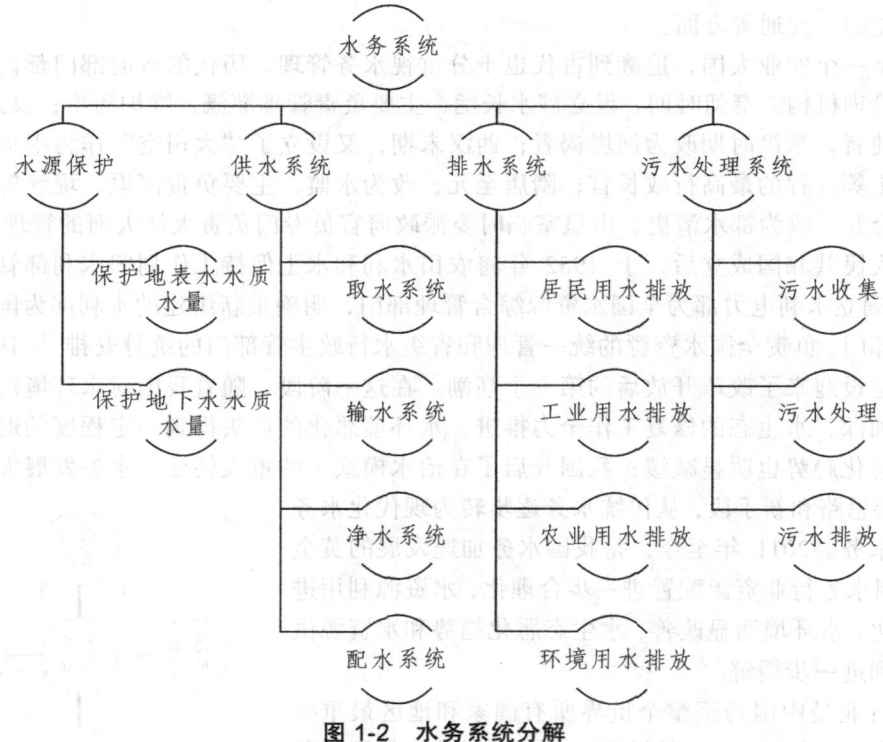

图1-2 水务系统分解

水源保护是水务系统的原始单元。它是指保护水源不受污染的各种措施，即对江、河等水体上游（或源头）和周围地区的环境的保护。水源保护的目的是保蓄和增加上游清洁用水量，使下游有足够的清水径流下泄，提高下游水体对污染物的推移、稀释、扩散能力。水源保护的核心任务是保护地表水和地下水的水质水量。

供水系统是水务系统的开发及生产单元。它是在水资源和用水之间架起的通道，主要由取水系统、净水系统、输水系统和配水系统组成[3]。如果没有供水系统，将无法满足水务系统对水量、水质和水压的多元化需求。

排水系统是水务系统中的一个重要单元。是水务系统建设工程的重要组成部分。排水系统一般是整合了排放、御洪、防涝等功能的系统工程，是保证社会经济活动正常运行的重要工程。排水系统由居民用水排放、工业用水排放、农业用水排放、环境用水排放等工程组成。

污水处理系统是水务系统中最敏感的单元，具有两面性，一是污水经净化处理后流出能为水资源增加补给，二是污水未经净化处理直接排放会造成水体污染。同时，在水资源短缺地区，经净化处理后的污水可作为水源补充给供水系统或农业灌溉。污水处理系统由污水收集、污水处理和污水排放三个部分组成。

2 水务系统的现状与挑战

2.1 水务系统的建设现状

2.1.1 国外水务行业的建设现状

从世界范围看,欧美等发达国家通过大力推动城市水务产业的市场化,在水源保护、供水系统、排水系统和污水处理系统等方面服务水平不断提升。法国威尔雅(Velia)水务、法国苏伊士(Suez)水务、英国泰晤士(Thames)水务是目前在国际水务行业中鼎鼎有名的三巨头,它们依靠先进的技术手段、与时俱进的管理理念和雄厚的运营管理实力,逐步成为国际性的水务集团[4]。

这些发达国家的水务公司与新兴技术的融合程度较高,很多水务公司的研究内容不局限于水务行业内的技术,还非常注重实际运营过程中的数据采集与分析,从传统的依靠经验管理模式为主,逐步过渡到以智能控制模式为主,不单单是套用现有的智慧系统模块或软件平台,而是更加注重对水务企业内部数据的有效利用,包括数据的采集、分析和实际应用,还注重如何通过现有技术对硬件设施进行布局优化和如何有效解决实际管理运营难题等。英国部分水务公司建立了实时数据平台,通过安装配置各类传感器来采集水处理过程中的数据,并通过分析不同类型的实时数据,进行数据整合、搭建智慧平台,融合多种智能算法,最终实现水务业务的优化运行和智能管理。

2.1.2 国内水务行业的建设现状

随着我国水务行业改革的不断深入,我国水务行业呈现出服务产业化、运行市场化、产权多元化、管理集约化的发展趋势[5]。进入 21 世纪以后,我国水务行业取得了快速的发展,目前,其运营管理体制正在不断改革,确定了和西方发达国家类似的水务行业产业化和市场化的发展方向。

我国传统水务系统的设备设施运行情况、水质水量等数据大部分都是通过人工操作并记录来完成的,且传统的环境水质监测工作主要以人工现场采样、实验室仪器分析为主。当数据传递到管理决策层后,受系统状态变化影响,某些数据和信息可能已经失去了时效性,因而降低了某些措施或决策执行的有效性。因此,依靠传统的经验模式判断来解决水务问题势必存在诸多不足之处,且受个人主观影响较大,不利于城市水务系统的可靠性和稳定性。

虽然我国水务行业还存在很多不足,但也取得了较为可观的进步。有些地区的水务行业已经开始使用数据融合一体化的信息服务平台,此类平台可以高效利用互联网技术、大数据分析技术和实时运算的水力模型,并通过整合各类数据源建立数据库,对水处理过程进行系统的管理。例如,某上海水务公司建立信息服务平台,并以 SCADA 系统(数据采集与监视控制系统)为基础,与 ERP/EAM(企业资源计划/企业资产管理)对接,通过对设备运行状态的实时数据采集和分析,实现对设备进行全面的在线监测和运维管理。

2.2 水务行业面临的挑战

2.2.1 饮用水水源监管手段落后

近年来,各级环保部门按照国家法律法规要求对饮用水水源进行了在线监测,对饮用水水源保护起到了十分重要的作用。但仍存在一些站点不能独立完成所有认证参数的检测,而且大多数检测项目的检测手段只限于人工操作,检测效率低下。很多监测站点在对水体水质状况、生态状况的分析、评价、预测和预警等方面信息服务能力还不够强,不能基于数据库、GIS(地理信息系统)和模型来评价、预测和预警,难以满足未来水资源保护和整个水资源管理的需求,并且监测站点稀少的现状也制约了对当地水资源的开发、利用和保护。部分地区还存在应急手段落后的问题,无法检测某些时效性强的水质指标,因此不能有效应对突发性水污染事件。

2.2.2 供水处理系统信息共享机制不健全

当前,很多自来水厂都建立了自动化控制系统、综合布线系统、闭路电视监控系统、周界红外报警系统、门禁系统、设备管理系统和化验室水质管理系统等。但各自来水厂互相独立,甚至同一厂内部分系统数据都不能顺畅共享、系统之间不能互相协作,甚至重复投资,不能有效发挥人力、物力、财力的最合理效益。

要解决水厂的系统信息不共享问题,应保证在更新和完善供水处理系统的每个环节时,力求做到环节信息互通、共享,建设具有自动化、信息化、管控一体化的智能化水厂控制系统,各自来水厂也应形成信息共享、系统协作的机制,这样才能使共同效益最大化。

2.2.3 供水管网安全保障亟待提高

供水管网系统可被视为一个巨大的"反应器",水厂处理合格后的水传送到管网系统内,会在管网中发生一些生化反应或物理反应而导致水质改变,加之管道漏损等情况,导致供水安全受到影响。目前我国部分城镇(尤其是老城区),供水管网故障率较高,一方面是由于供水管道材质差、强度低,另一方面是由于管道布设不规范,有的管道沟底不平整,以至于有些管道通水后水管沉降量较大,而且不均匀,使得管道容易损坏。

很多城市地下管网涉及产权业主很多(如燃气公司、市政工程管理处等),这些业主没有经过充分的沟通、交流,在对地下管网进行建设、运维等过程中常出现意见不统一的情况。造成这一现象的原因是这些业主依据自己的需求随时随意申请管网变动,然后挖掘管网进行改动,并未统筹协调,制订周全的改动计划。这些独立的改动导致管网管理部门对管网系统的管线资料不够齐全、准确,导致管网运维管理十分不便。

2.2.4 污水处理能耗、物耗偏高

污水处理系统是一个典型的非线性、多变量、非稳定、时变的系统,污水处理设备种类繁多,设备所处环境恶劣,容易出现故障。部分大型污水处理厂为了保证出水水质稳定达标,成套引进先进的污水处理工艺、设备和监测系统。然而未考虑控制优化问题,只保证了系统

连续稳定运行这一基本要求，出水水质达标是源于足够大的反应器空间或较高的曝气量，造成了国内污水处理厂运行和管理费用几乎是发达国家的两倍。

因此，污水处理厂必须做到，在满足达标排放的前提下尽可能地节约运行成本，尤其考虑能耗、化学物质和人工成本。例如，利用数学模型、可视化设备管理技术及水质云监控技术构建城市污水处理工艺智慧运行云管理平台，从而加强城市污水处理系统过程控制，实现最优化策略运行，从而达到节能降耗的目标。

2.2.5　污水处理智能化程度不足

随着排放标准的逐渐严格，为了满足排放要求，污水处理厂的设计和运行结构越来越复杂，因此依靠传统的人工经验判断来管理污水厂存在诸多不足之处，且受个人主观影响较大，不利于城市污水处理厂的可靠、稳定运行。很多污水处理厂水质监测大多局限于单点监测或者局域网监控，不仅监测维度单一，而且无法叠加 GIS、BIM（建筑信息模型）、CIS（接触式图像传感器）、地图服务等多维数据，造成与其他系统平台孤立，数据无法交互，因而无法实现真正的数据共享。

因此，污水处理厂的工艺运行势必需要从经验判断走向智能化分析，如将在线仪器仪表与 PLC（可编程逻辑控制器）连接并应用于各种污水处理工艺过程中，通过在线监测设备将复杂的在线数据经数学模型计算处理，确定工艺参数、优化运行方案和预测运行过程中可能出现的问题，并提出可采取的应对措施。

此外，传统的操控模式、水质监测系统无法满足日益增长的集中监控、分布式管理的需求，难以适应当前城市对污水水质监测的需求。污水处理厂需要智能化的精细管理，才能有效节约污水厂运行管理的工作时间和工作量，降低污水处理厂的人力资源成本和设备维修维护费用，同时提高工作效率，加快污水处理过程中的动态响应能力。例如，采用基于数学模型的决策支持系统和厂群水质云监控技术，将污水厂所有监测点的数据自动输入中央数据库中，生成技术报告、经济报告和相关管理报告，辅助管理人员的运维决策。

2.2.6　污水处理设施智能运行管理亟待开展

当前，物联网、大数据、云计算等技术的快速发展及其在各领域基础设施智能化升级与管理中的推广应用，为污水处理设施运行和调控方式的变革提供了良好基础和新的契机，远程监控和在线管理的理念也随之迅速发展和应用。对于集中式处理的单个污水处理厂，将数据采集、云管理等技术与污水设施管理相结合，开展污水处理设施智能运行管理关键技术研究，实现污水处理过程信息在线感知、监测数据在线采集、运行设备在线调控的智能管理方式，是污水处理行业发展和产业升级的必然趋势。对于分散式的污水处理厂群，通过对分散式污水处理装备群的远程、集中、智慧管理，可降低技术门槛、管理难度和运维成本，是推进分散式点源污染治理的发展趋势和必然要求，具有广阔的应用前景和巨大的市场潜力。

3 水务行业发展趋势——智慧水务

随着水资源污染严重、管道老化等威胁越来越多，水务工程建设规模的不断扩大，当前水务行业的现状是水务系统运行管理模式不佳、稳定性较差以及能耗物耗偏高，在水务行业标准逐渐提高的同时，水务系统仍存在管理水平参差不齐、运维方式滞后性严重以及现有设施智能化程度落后的现状。

随着大数据、云计算及人工智能等信息技术的普及，物联网和可控设备等硬件基础逐步得到完善以及机理模型得到广泛应用，这些都为"智慧水务（Smart Water）"的发展提供了基础（见图 3-1）。智慧水务系统是一个能自适应动态水处理情景的强大智能系统，能为推动水务行业发展、提升水务系统效率提供重要支撑和保障作用。

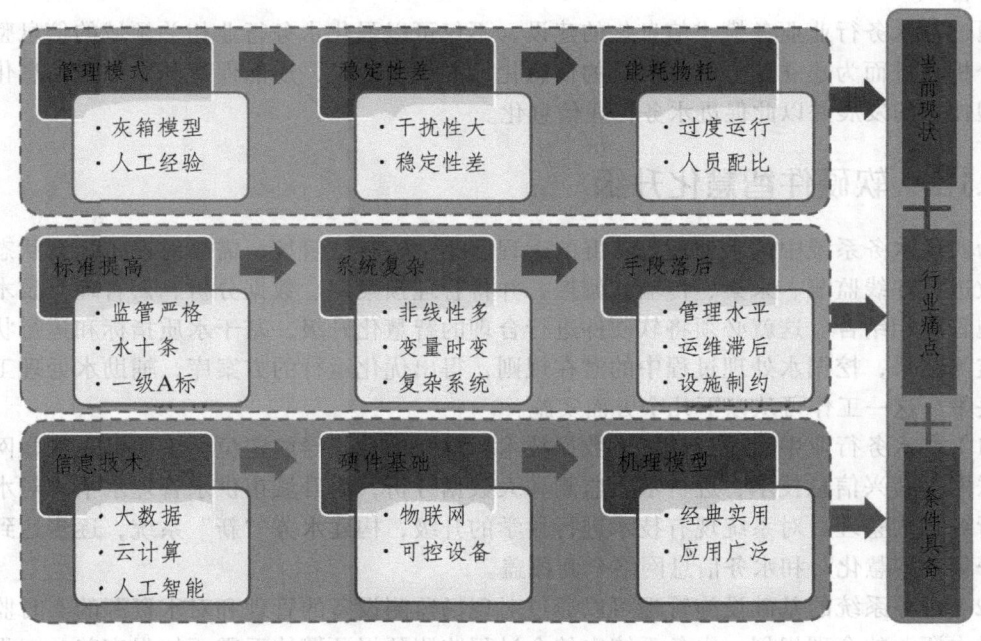

图 3-1 水务行业趋势——智慧水务

3.1 水务行业的发展对策

3.1.1 水务信息化建设

目前我国水务行业虽然取得了可观的发展，但仍有不少方面需要改进。水资源未合理规划使用、水资源整体供应能力不高、污水处理效果不佳和水务企业经营模式不够优良等问题依然是制约水务行业发展的重要问题。面对这些问题，加强水务信息化建设已经成为水务行业的必然趋势。

实施信息化管理一直以来都是水务行业在思考的问题。在水务管理中实行信息化管理有利于加强水务管理的规范化和智能化，促进水务行业今后的发展。我国大部分水务公司的信息化发展都经历了从早期无纸化办公、局域 OA 办公到后期运用新兴技术解决运营管理任务的跨越。如图 3-2 所示，我国水务行业的信息化发展可以归纳为四个阶段：信息化基础建设、信息化数据建设、信息化业务应用建设、一体化信息调度平台建设。

例如，北京地区已经建立了水务信息管理平台，此平台的信息链已趋于完整，数据中心的数据也已经启动了共享；此外，上海依托信息产业的优势，顺应新兴技术的高速发展，以水务行业的发展需求为导向、应用为核心，建设了覆盖全市的供排水数据采集与监控系统、视频会议系统等新平台[6]。

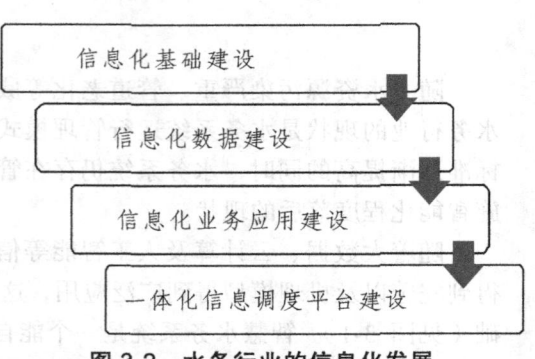

图 3-2　水务行业的信息化发展

通过对水务行业业务模式信息化的建设，不仅可以强化水务行业相关领域的信息整合与信息分析，进而为建立健全统一规范的信息化标准提供捷径，还能促进开发加强信息化建设的新型技术的发展并以此促进水务行业信息化。

3.1.2　软硬件智慧化升级

为实现水务系统中的水处理装备群的远程、集中、智慧管控，需要对设备运行状态、运行参数进行在线监测、采集、传输和调控，并将管理预案库、数据分析、云管理等技术与污水设施管理相结合。这就必须将软硬件进行合理的智慧化升级，基于水质指标和运行状态参数的监测结果，挖掘水处理过程中的潜在规则，得出优化运行的方案库，辅助水处理工艺的运维决策。这一工作可从以下几个方面实施：

（1）在水务行业中引入云计算大数据技术、空间信息、导航定位、区块链、物联网和移动互联网等新兴信息技术，进行水质监测和大数据分析，提升城市供水管理水平，对水务系统进行综合的整理，对系统现有技术进行科学的升级，构建水务"新"系统，逐步达到水务信息采集"智慧化"和水务信息网络全面覆盖。

（2）水务系统的基础设施管理可以通过对现场监测设备的管理和对水资源的实时监测，加强对水资源的合理规划。水务系统中的全过程监测预报预警体系需要加强完善，工程调度信息化手段有待加强，从而可以在更高水平上保障水资源的安全性。

（3）可开发基于手机及电脑终端的 APP，随时随地监测水务系统实时信息和处理应急事件，并且手机终端需与 PC 端同步。移动终端可以结合地理信息系统，便于标示出涉水区域的实际地理位置信息和各区域监测点的真实地理位置，进而能够实时监测其水务系统的运行参数与状态、系统能耗值和报警信息等。

例如，某公司的 eLTE 智慧水务系统，通过内置 eLTE-IoT 通信模组，在主要河道、城市道路低洼处等安装电子水尺、水质分析仪等在线监测设备，实时感知城区供排水系统的运行状态和水文信息（包括河道、城市积水等信息），并将收集的水务信息进行及时分析与处理，提供水位监测、河道视频和防洪排涝预警等作用。

3.2 智慧水务概述

智慧水务是通过互联网、物联网、无线网络和软硬件，聚合各类水务信息，为政府、企业、公众提供无处不在的信息化服务，实现全面、可感知的绿色智能水务。总的来说，智慧水务就是将水务从过去单一、自动化程度低的状态，通过使用智能控制、数据分析、人工智能等新兴技术来实现数字化、规范化和智能化，从而应对当前水务行业中的各种问题。

3.2.1 智慧水务简介及优点

2008年，IBM（国际商业机器公司）首次公开提出了"智慧地球"这一概念，由物联化、互联化和智能化三要素组成；2010年，IBM正式提出了"智慧城市"愿景，其中包含六个核心系统：组织（人）、业务、交通、通信、水和能源。伴随"智慧地球"这一理念的诞生，"智慧城市"的概念也随之出现，后来智慧水务、智慧交通等概念也陆续被提出。"智慧水务"是"智慧地球"和"智慧城市"在水务方向的合理延伸，是水务行业的发展方向。

所谓智慧水务，指的是通过互联网、数据采集系统和水质监测系统等监测设备实时监控水务系统的运行状态，并通过先进的新兴技术将烦琐的数据转换为可视化图形，实现对水的处理、生产、供配、输送及排放全过程的智慧化控制。智慧水务系统能够处理庞大的水务实时数据，并且根据数据分析的结果生成处理意见，进而形成更加实时、准确、科学的水务系统，以智慧化的方式解决水务行业的瓶颈问题。

智慧水务是水务行业的一次重大技术变革，水务企业及管理者结合信息化技术，突破传统水务的运行模式，以更加科学、快捷、智能的形式运作整个水务系统[7]。如图3-3所示，智慧水务由传感器、物联网和人工智能三要素组成，传感器作为信息源头，物联网作为底层网络支撑，人工智能作为上层技术应用。

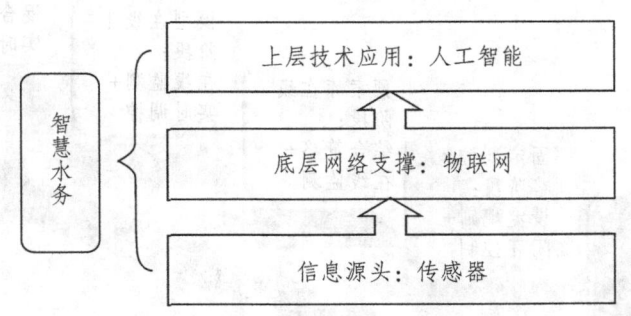

图 3-3 智慧水务的构成

"传感器"是整个智慧水务系统的信息源头，其指的是运用各环节安置的传感器并与物联网相融合，采集大量实时信息，并通过互联网使数据可视化，以此建立智慧水务的核心部分[7]。

"物联网"是指通过局部网络或互联网等通信技术，把水务系统中的传感器、控制器、机器和工作人员等通过新的方式联在一起，形成人与物、物与物相联，并将即时采集到的各种系统运行数据、水质数据和人员信息等进行及时分析与处理，并提出相应的处理结果与辅助决策建议，从而支持水务企业的数据管理和应用实现信息化。

"人工智能"指的是使用先进的新兴技术或数据处理模型，运用计算机等设备对水务系统中的实时运行数据进行筛选、分析和处理，进而得出对水务系统有帮助的有效信息等，然后利用有效信息提升水务企业的效益。

与传统水务系统相比，智慧水务的优点可以归纳为：

（1）通过水务系统直观地监控，自动化地操作，可在平台直接显示原水浊度、pH值等技术参数，而且一旦这些运行状况出现异常，会第一时间在平台上显示并发出警告，方便技术人员随时掌握水质情况，从而使得水务系统具有"智慧"。

（2）采用数据采集、传输等传感设备在线监测水务系统的运行状态，通过平台系统对这些采集的海量数据进行分析、处理并对各类关键数据实施实时监测和智能分析，同时提供分类、分级预警，使之更加数字化、智能化、规范化，从而提高水务系统的"智商"。

（3）通过调度系统操作平台可以根据实时数据和历史数据，对用水量进行预测，在水资源评价、水质监测与管理、供排水管理、防旱抗汛等方面提供优化调度方案，从而使得水务系统变得"智能"。

3.2.2 智慧水务发展阶段

智慧水务是智慧城市的重要组成部分，是水务管理理念和运营模式的变革，实现了水务发展模式的升级扩展[8]。如图3-4所示，从"智慧水务"概念的提出至今，其智能管理核心技术共经历了以下5个阶段：

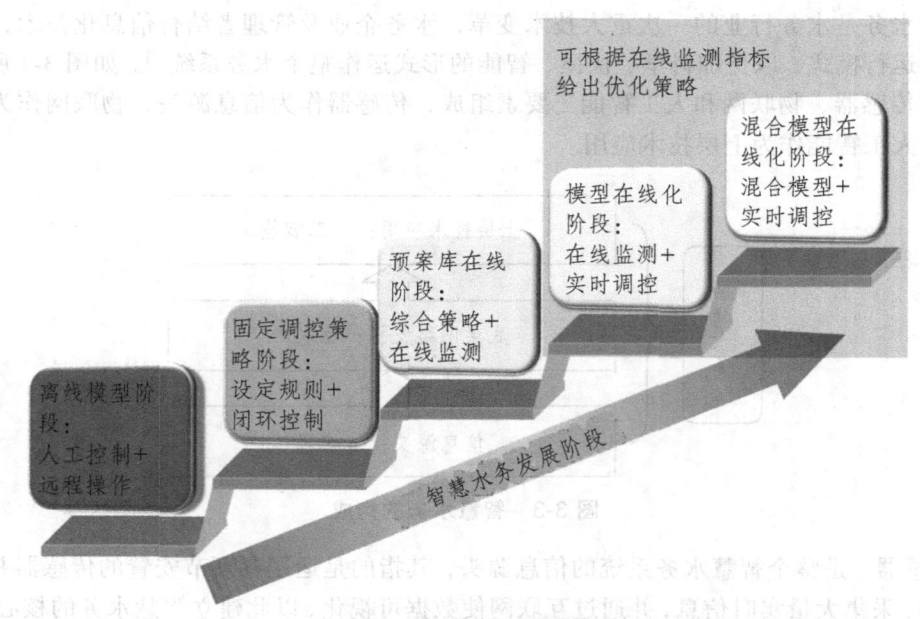

图 3-4 智慧水务发展阶段

1. 离线模型阶段

离线模型阶段是智慧水务的一个起步阶段，运用了模型计算的功能，比纯靠人工经验有所进步，但是存在严重的滞后性。离线模型阶段只将某段时间内的运行数据作为模型的输入，无法有效地计算测量突发状况对系统的影响并加以应对。

2. 固定调控策略阶段

固定调控策略主要是指根据模型计算在水务系统中的某个阶段的某个指标的需量，并将此设定为标准，使当进行到某阶段时，此阶段的某个指标在此标准上下波动，从而确保系统稳定运行。如某污水处理厂，根据模型实时计算曝气池所需曝气量，曝气量可以设定为一个固定浓度，也可以设定为一个浓度区间，使曝气量在某一允许的范围内动态变化。

3. 预案库在线化阶段

预案库在线化主要是指给出一个庞大的预案库，根据进水水质直接调用优化运行策略并执行。该过程是为应对水务系统中的水质和环境变化，提高系统响应速度，实现设施精细、策略准确、响应及时的智能管理，并将已构建的各种可预期工况下的优化运行方案在线化，当外部条件发生变化时，可通过采取该工况下最优的工艺运行方案或及时调整工艺运行参数，确保系统运行的稳定性和可靠性。

4. 模型在线化阶段

模型在线化主要是指给出一个在线的机理模型，根据外部条件的变化等，在线运算给出优化运行策略并执行。例如，污水处理厂污水的进水水质以及进水污水量都是实时动态变化的，该阶段将实际污水处理厂水处理的运行质量情况进行实时的动态监测并管理，参照实时的模拟结果，从而对污水处理厂的水处理状况进行实时监测并采取相关优化方案。

5. 混合模型在线化阶段

混合模型在线化主要是指配合人工智能的算法，预测水质数据的变化，同时利用算法优化计算结果。利用算法更快地更新动力学参数（根据最近的实测结果反算出动力学参数）。此阶段的特点是，不仅能智能地运行，而且配合其他领域的有效辅助，还能不断优化运行策略。

该阶段是将过程机理模型、经验模型、预案库和大数据模型进行有效融合，在充分发挥过程机理模型、经验模型、预案库和大数据模型的优势的情况下，同时弥补这几种模型的不足，针对水务系统中出现的各种情况，充分有效地利用混合模型应对不同工况下的水务系统，给出最佳运行管理方案。

3.2.3 智慧水务的前景

国务院、发改委等多部门相继出台《国务院关于加强城市基础设施建设的意见》《关于组织实施2017年新一代信息基础设施建设工程和"互联网+"重大工程的通知》《新型智慧城市建设部际协调工作组2016—2018年任务分工》等关于基础设施智能化建设的重要文件。各地积极响应国家大政方针，如重庆市出台了《重庆市人民政府办公厅关于进一步加强市政基础设施规划管理的通知》《重庆市人民政府办公厅关于印发重庆市深入推进智慧城市建设总体方案（2015—2020年）的通知》等文件，大力实施以大数据和智能化为引领的创新驱动发展战略行动计划，加强城市基础设施规划管理等全方位的数字化与智能化。

近年来，我国在市政、水利、交通等基础设施建设领域取得了大规模、高速度的发展。随着"互联网+"、云计算、大数据、物联网等信息技术的迅猛发展及其在各领域中的广泛应用，基础设施智能化升级以满足设施全寿命数据监测、海量数据分析以及智能管理调度等成为发展趋势。基础设施建设行业面临着由"传统管理方法"升级转型为"信息管理"的巨大需求[9]。

而智慧水务则是智慧城市发展的必然产物。中国科学院院士王光谦曾以"水联网"的定义初步勾画出了智慧水务的建设蓝图：通过各种信息传感设备，测量水文水质等水利要素，传递到互联网上，进行信息交换和通信，以实现信息智能化识别、定位、跟踪、监控、计算、管理、模拟、预测和管理。

从发展角度来看，智慧水务给整个水行业带来的技术变革具体表现在三个方面：首先，智慧水务利用物联网的广域覆盖、海量连接、低功耗、高安全性，有效解决了传统水务中计量数据不够准确、无法实时传输等问题；其次，更精准的计量监控能够减少经济纠纷、提升社会治理效率、民生服务质量、提高水务企业的品牌形象；第三，智慧水务可实现在线高频次传输海量数据，大大降低人工管理成本，提升管理效率。

总体而言，近年来无论是国家产业政策支持，还是上市及其他企业投资进入，这一领域的发展展现了一个较具潜力的市场。新兴技术和智能工业的不断融合，智能水务想要获得长足提升和发展，确保居民用水安全，解决城市取水、供水、污水处理、排水及农业节水等问题的诉求和矛盾，全面应用新兴技术和互联网是当前水务管理部门促进和带动水务管理现代化、提升公共服务能力、保障水资源可持续发展的必然选择。

3.3 智慧水务相关技术

目前，智慧水务应用的技术包括云计算技术、物联网、移动互联网、大数据技术、实时动态监测技术、GIS（地理信息系统）、BIM（建筑信息系统）和人工智能技术等。发展成熟且应用广泛的有智能感知技术、云计算技术、大数据技术、信息安全技术和人工智能技术等。

3.3.1 智能感知技术

智慧水务的建设离不开大量的数据，因此若要实现智慧水务，首先需要收集大量数据来对当前的水务状况进行分析。目前主要采用的收集数据技术是智能感知技术，从地理空间的角度确定测量点，并使测量点按照一定的逻辑顺序进行排列，从而实现数据全面收集[10]。例如，当前智能感知技术中较主流的RFID（射频识别）技术，具有较强的防水性、耐腐蚀性，且不易受电磁干扰；其显著优点是，无须接触就能完成操作，数据读取能力强、速度快。当RFID设备与GIS技术相结合时，可以快速地实现数据分析和处理，并且能直接在地图上显示各测量点的位置和对应的管道情况，从而为水务系统提供便捷的信息感知。

3.3.2 云计算技术

智慧水务的关键是将水务系统的运行数据传送到云端，然后对这些数据进行计算或分析处理，并根据处理之后的结果对水资源的配置做调整和改变。这种基于物联网和大数据的技术与传统手段相比，对水务系统的调度管理更为高效，这种手段即为"云计算技术"。云计算技术的核心就是将水务系统的数据计算处理环节调整到云端上来做分析处理，这样的做法也就实现了"水务云"。

3.3.3 大数据分析技术

大数据分析技术在智慧水务建设中占据着至关重要的地位。在水务系统的运营过程中产生的数据量是非常庞大的，如在生产运营环节产生的和传感器实时上传的大量数据，无法直接进行分析处理，因此需要对这些庞大数据进行处理和筛选，将数据从有序转为无序，并从其中筛选出有统计意义的数据，再进行下一步分析处理。

3.3.4 人工智能技术

人工智能是计算机科学的一个分支，它企图了解智能的实质，并生产出一种新的能以人类智能相似的方式做出反应的智能机器。人工智能是指能够在各类环境中自主或交互地执行各种拟人任务的技术，主要有人工神经网络、模糊分析、专家系统和分布式学习等形式。

人工智能技术具有自学习、推理、判断和自适应的特性，在水务行业中主要应用于优化设计、故障诊断、智能监测、系统管理等领域。人工智能在水务领域的应用会越来越丰富，给水务行业的生产和运营带来越来越多的改变。

第 2 篇

智慧供水系统

水作为生命之源，是人类社会赖以生存和发展不可或缺的资源，也是一个城市生存与发展的命脉。水质的优劣直接关系到人们的身体健康和工业农业生产的安全稳定，保质保量供给安全、达标的水资源是关乎国计民生的大事。

随着我国经济的飞速发展和人民生活水平的逐步提高，社会公众对供水水质水量的要求也在不断提高。我国最早的饮用水安全标准是1927年（注：部分文献记录是"1928年"）试行的《上海市饮用水清洁标准》（地方标准）。自中华人民共和国成立以来，我国饮用水卫生标准已历经5次修订，水质指标要求不断扩展和提高，检测项目从15项增至106项，其主要检测内容从仅规定了水的外观和预防水致传染病方面等项目发展扩充到包括范围、规范性引用文件、术语和定义、生活饮用水水质卫生要求、水源水质卫生要求、集中式供水单位卫生要求、二次供水卫生要求、涉水产品卫生要求、水质监测、水质检验等10部分内容，包含水质指标106项，其中常规指标42项，非常规指标64项[11]。目前现行的标准是我国卫生部2006年颁布的《生活饮用水卫生标准》（GB 5749—2006），其实施为提高我国生活饮用水质量，保障饮用水卫生安全，保护居民身体健康和促进经济可持续发展起到了积极的作用。据报道，我国将会颁布新的生活饮用水卫生标准，拟将已出现的健康危害指标纳入其中，这意味着我国对水质指标数量和质量的要求将会进一步提高。

在供水标准日益严格的同时，我国水资源短缺和水环境污染等问题也越来越突出，甚至已经影响到国家的可持续发展和社会的安宁稳定。严峻的水资源环境和用水需求对于供水企业提出了更高的要求，供水企业应立足于现有资源、技术和设备条件，在保障供水水质水量的同时兼顾供水经济效益，即在提高供水水质、保证供水水量的前提下降低能耗、漏耗、药耗，减轻工人的劳动强度，最大限度地降低供水处理和输送成本。

完整的供水系统可分为取水系统、水处理系统、配水系统和二次供水系统四部分。水质水量供给需求的日益提高，对供水系统四个组成部分的有机结合、动态规划、优化调度等都提出了更高的要求。而由于供水系统结构分散、服务面积大、影响范围广等特点，依靠传统的人工运维方式效率低下，对突发事件响应慢，且过于依赖人工经验，决策稳定性差，不利于保障供水系统健康、稳定运行。

为实现供水保障与供水效益的"双赢"，需要对供水系统不同环节的水体运行、管理方式进行智能化升级改造，借助人工智能、云计算、物联网及大数据等新兴技术手段，开展智慧供水系统建设，使供水系统运行管理能力得到提升。具体来说，智慧供水即指利用物联网技术、射频识别技术及云计算等一系列先进的科学技术，对水源地、供水厂、供水管网及供水社区的基础性设施进行有效监测和连接，实现不同环节的有机结合、动态规划、优化调度等，进而形成现代化的智慧供水系统。

4 饮用水水源地智能管理解决方案

4.1 我国饮用水水源地现状

4.1.1 水源地分类及保护区划分

饮用水水源安全是饮用水水质安全的第一道屏障，随着水体污染问题的日益突出，水源污染情况越来越不容忽视。为贯彻实施可持续发展战略，保障城镇居民用水安全与健康，保护水源地的水质安全刻不容缓。饮用水水源地是指提供居民生活用水及公共服务用水（如政府机关、企事业单位、医院、学校、餐饮业和旅游业等用水）的集中式供水水源及周边满足水源保护要求的一定范围的陆域和水域，主要有地下水、水库、湖泊和河道等水源地类型[12]。饮用水水源保护区是指为防范饮用水水源地污染、保障水源水质而划定，并加以特殊保护的一定范围的水域或陆域。根据《饮用水水源保护区划分技术规范》（HJ/T 388—2018），对饮用水地表水水源与饮用水地下水水源按水质标准层级和保护要求高低划分了饮用水水源保护区。饮用水水源保护区一般划分为一级保护区和二级保护区，各级保护区应设定清晰的地理界限，并且在有特殊要求时可设立准保护区[13]。

以供水人口数为分界线，可将饮用水水源地分为分散式饮用水水源地和集中式饮用水水源地。分散式饮用水水源地是指供水小于一定规模（供水人口一般在 1 000 人以下）的现用、备用和规划饮用水水源地；集中式饮用水水源地是指进入输水管网送到用户和具有一定取水规模（供水人口一般在 1 000 人以上）的在用、备用和规划水源地。根据供水方式不同，分散式水源地可分为联村、联片、单村、联户或单户等形式；集中式水源地可以根据取水地的不同，划分为地表水饮用水水源地和地下水饮用水水源地，其中地表水饮用水水源地包括河流、湖泊和水库型饮用水水源地等。

目前，我国 600 多个城市中，集中式饮用水水源地约有 2 849 个。截至 2018 年 8 月 8 日，按照国务院《全国集中式饮用水水源地环境保护专项行动方案》要求，全国各级政府和有关部门排查了县级及以上饮用水水源地 2 466 个，发现环境问题 6 426 个，形势严峻。水源保护区内存在的突出环境问题包括生活面源污染、工业企业排污、农业面源污染、旅游餐饮污染、交通穿越等，分别占问题总数的 27%、16%、16%、14%、13%[14]。

4.1.2 水源地水质水量标准

4.1.2.1 水质水量标准

水质就是指水体质量，标志着水体的物理性质（如色度、浊度等）、化学性质（无机物、有机物等）、生物特性（细菌、浮游生物、底栖生物等）及组成状况等。水源地的自然水体中都存在着各式各样的杂质，这些杂质主要有两个来源：一是在自然过程中形成，如水中微生物的繁殖代谢，地底矿物质在水中的溶解等；二是人为因素导致，如居民生活用水、工业用水、农业用水及环境用水的污染。

我国的地表水水质标准共经历了三次修订：1983年我国颁布《地表水环境质量标准》（GB 3838—83），1988年和1999年分别进行修订，2002年颁布的《地表水环境质量标准》（GB 3838—2002）为现行标准。地下水水质标准经历了一次修订：1993年颁布《地下水质量标准》（GB/T 14848—1993），2017年修订为现行标准《地下水质量标准》（GB/T 14848—2017）。地表水和地下水两类水体的水质标准相关修订内容见表4-1和表4-2。现行的地表水与地下水质量标准对水环境质量应控制的项目及限值，及水质评价、水质项目的分析方法和标准的实施与监督进行了严格的规定。

表4-1　地表水环境质量标准修订情况

标准	年份	共计	新增项	删除项	修订项
《地表水环境质量标准》（GB 3838—2002）	2002	109项	总氮指标；集中式生活饮用水地表水源地特点项目40项	基本要求和亚硝酸盐、非离子氨和凯氏氮3项指标；湖泊水库特点项目标准值	pH、溶解氧、氨氮、总磷、高锰酸钾指数、铅、粪大肠杆菌群7个项目的标准值

表4-2　地下水质量标准修订情况

标准	年份	共计	新增项	删除项	修订项
《地下水质量标准》（GB/T 14848—2017）	2017	93项	感官性状及一般化学指标：铝、硫化物、和钠3项指标；毒理学无机化合物指标：硼、银、铊和锑4项指标；毒理学有机化合物指标：三氯甲烷、四氯化碳、1,1,1-三氯乙烷等47项有机化合物指标	高锰酸钾指数（耗氧量代替）	感官指标：总硬度、铁、锰、氨氮；毒理学指标：亚硝酸盐、碘化物、汞、砷、铬、铍、钴、钼、镍和钡；放射性指标：总α放射性

我国现行的水量监测标准，是水利部2015年颁布的行业标准《水资源水量监测守则》（SL 365—2015）。该标准规定了水源地水量监测站布点原则与内容，水资源水量监测与调查内容、方法，特点区域水量监测、监测精度等内容与技术要求等。

4.1.2.2　水质水量监测指标与方法

1. 水质监测指标

水质监测是对水体中污染物种类、浓度及其变化趋势进行监测和测量，并对水质进行评价的过程。水质监测的监测范围广泛，包括未受污染和已受污染的天然水体（江、河、湖泊、海洋和地下水）和各种工业排水等。

水质监测的主要监测指标可分为两类：

（1）反映水质的综合指标：温度、pH值、浊度、色度、电导率、悬浮物（SS）、溶解氧（DO）、化学需氧量（COD）、生物需氧量（BOD）等。

（2）有毒物质：苯酚、氰化物、砷、铅、铬、镉、汞和有机农药等。

当前国内水源地的水质监测有八项指标：常规五参数（浊度、pH、溶解氧、温度和电导率）、氨氮（NH_3-N）、高锰酸盐指数（COD_{Mn}）和总有机碳（TOC）[15]。湖泊或水站的监测指标还包含了总磷（TP）和总氮（TN）两个指标[15]。

2. 水质监测方法

水质监测方法主要有化学法、电化学法、原子吸收分光光度法、离子选择电极法、离子色谱法、气相色谱法、等离子体发射光谱（ICP-AES）法等[16]。水质监测方式可根据检测位置与形式，分为实验室监测、移动实验室监测、在线监测[17]。水源地主流水质监测方案也相应地经历了三个阶段：实验室监测阶段、移动实验室监测阶段、在线监测阶段。

实验室监测阶段：我国早期水质监督管理部门基本只能采用实验室监测方式，即通过人工现场取样和实验室检测方式来获取水质指标，存在严重的滞后性，如 BOD、pH 等部分指标在取样和转移过程中发生改变。

移动实验室监测阶段：近年来，饮用水监管部门已逐步开始采用移动实验室监测，即将简单易携带的水质监测设备组装在车上，直接将车开到水源地附件进行现场取水检测的方式。但存在专业人员缺乏、设备限制、检测数据收集和分析处理速度较慢等问题。

在线监测阶段：在线监测技术能够实现在线、连续监测，可对水源进行 24 h 全天候的连续在线监控，解决监测与响应的时滞性问题，因此被逐步引入水源地水质监测领域。

近年来，随着污染物排放量的增加以及极端气候的出现，公众对水质安全和水量保障更加关注。越来越多的在线监测传感器被投入使用，对水质水量进行更加准确和密集的监测。但同时，大量的监测数据分析依靠人工处理难以满足实际需要。因此，水源地监测有必要借助物联网、大数据和人工智能等新技术，实施智能监测，对相关监测数据进行及时的传输和分析，这不仅可以实时、有效地反映水质变化情况，还可以提取重要信息，分析预测水质水量变化，及时发出警报和预警，辅助管理人员优化监测布局、监测模式及制定应急方案。

3. 水量监测方法

河流、湖泊、水库等不同特征的水资源对象水量监测方法有所不同，监测方法的选择应结合被测对象的特点，因地制宜，适当选择。

河流等明渠水资源的水量监测一般采用实测水位与流量，建立水位-流量关系曲线的方法，由观测的水位变化推算相应的流量或实测流量变化计算不同时段的水量。明渠水位监测工具有巡测车、巡测船、雷达水位计等。

湖泊、水库等水源地的水量监测，可先测量水体水位，再利用建立的水位-容积关系曲线计算水量。需要监测水量的湖泊、水库等水源地，应在有代表性的位置监测水位，监测频次可设定为逐日监测；当水位变化大时，应加大监测频次。

近年来，有研究者将卫星遥感、无人机巡视等技术引入水量监测领域，通过获取水源信息，配合图像识别与数据分析技术，获取水源地水量的变化信息。该方法有巨大的市场需求和广阔的应用前景，是水体监测领域的一个研究热点。

4.1.3 水源地安全状况评价

目前，国内各城市平均约有 10 个饮用水水源地，为保障水源地安全，根据城市饮用水水源地安全保护规范，应以城市为对象，以水源地为基本单位，从水质、水量等方面对城市饮用水水源地安全状况进行综合评价。

一般可根据《全国城市饮用水水源地安全保障规划技术大纲》，对水源地水质安全状况和潜在问题、成因及分布做出评价，为后期规划提供依据。饮用水水源地安全评价指标分为两个层次：目标层和指标层。目标层能反映水量是否满足水源设计水量要求及水质是否符合饮用水源水质要求，而指标层则反映水源地水量、水质安全的具体因子[18]。饮用水水源地安全状况评价技术路线如图4-1所示。

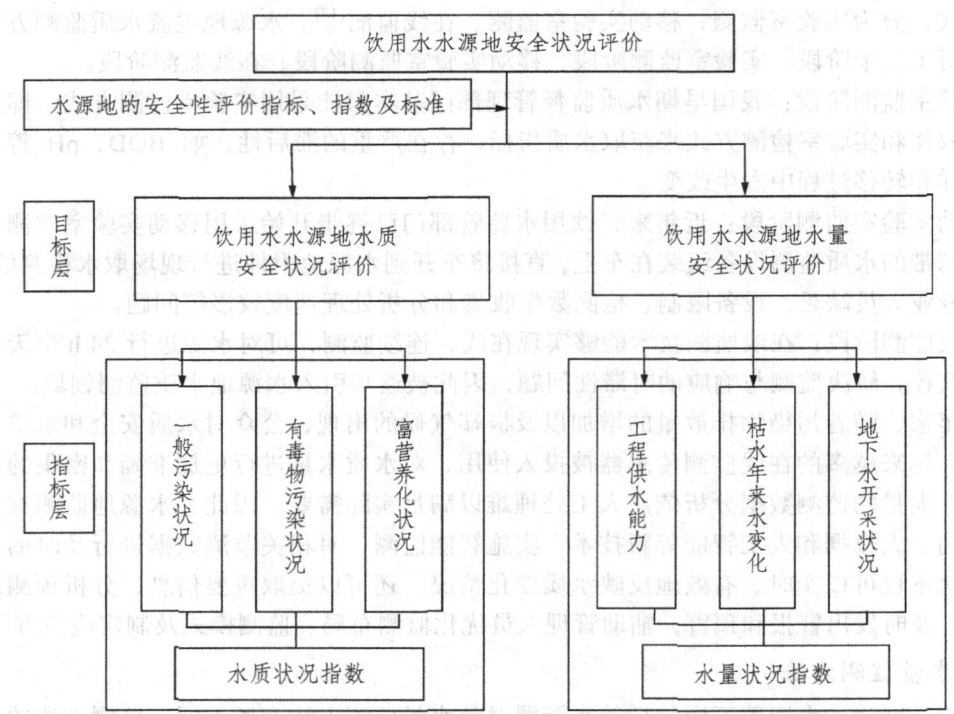

图 4-1　饮用水水源地安全状况评价技术路线

饮用水水源地安全评价按安全性指数，可分为1、2、3、4、5五级，各类新型的安全性评价指标、指数及标准见表4-3和表4-4。在当前水资源污染严重、水资源短缺的严峻形势下，水源地安全评价体系应配合监测指标、方法的调整和特点不断完善，借助物联网、大数据、区块链及人工智能等技术，融合大量在线监测数据及海量外围数据分析结果，实时、准确地评价水源地安全状况，为政府、公众和第三方机构提供可信赖的评价结论。

表 4-3　地表水饮用水水源地安全评价指标、指数及标准

目标	评价指标	评价指数及标准				
		1	2	3	4	5
水量	工程供水能力/%	≥95	≥90	≥80	≥70	<70
	枯水年来水量保证率/%	≥97	≥95	≥90	≥85	<85
水质	水质状况指数	1	2	3	4	5

注：① 工程供水能力：现状综合生活供水量/设计综合生活供水量×100%。
② 枯水年来水量保证：
河道：现状水平年枯水流量/设计枯水流量×100%；
湖库：现状水平年枯水年来水量/设计枯水年来水量×100%。

表 4-4 地下水饮用水水源地安全评价指标、指数及标准

目标	评价指标	评价指数及标准				
		1	2	3	4	5
水量	工程供水能力/%	≥95	≥90	≥80	≥70	<70
	地下水开采率/%	<85	≤100	≤115	≤130	>130
水质	水质状况指数	1	2	3	4	5

注：① 工程供水能力：现状综合生活供水量/设计综合生活供水量×100%。
② 地下水开采率：实际供水量/可开采量。

4.1.3.1 水质安全评价方法

水源地水质安全评价，主要是针对饮用水功能特征，依据《地表水环境质量标准》（GB 3838—2002）、《地下水质量标准》（GB/T 14848—93）以及《生活饮用水卫生标准》（GB 5749—2006），对水源地的一般污染状况、有毒污染物状况和富营养化状况进行评价[19]。一般污染物是指在水体中通过常规手段处理（物理处理、消毒处理、化学处理等）就可以达标的污染物。有毒污染物主要指的是挥发性酚类、硝酸盐、重金属类等有毒有害的污染物。富营养化状况是指叶绿素 A（Chla）、总磷（TP）、总氮（TN）、透明度（SD）、高锰酸盐指数（COD_{Mn}）等与水体内藻类大量繁殖有关的指标。

将水质标准中的优、良、中、差、劣 5 类水质状况，分别换算为 1、2、3、4、5 级水质指数。采用综合评价和单因子评价相结合的方法对水源地水质安全进行评价，评价步骤为：① 对有毒污染物采用最差单因子的水质指数确定水源地的水质污染指数；② 对一般污染物采用最差 5 项指数进行算数平均确定评价指数；③ 对于湖泊、水库型水源地，进行营养化状况评价，同样划分为 5 级。不同级别的水质指标见表 4-3 和表 4-4。水质综合安全指数如图 4-2 所示，具体细节详见《全国城市饮用水水源地安全保障规划技术大纲》。

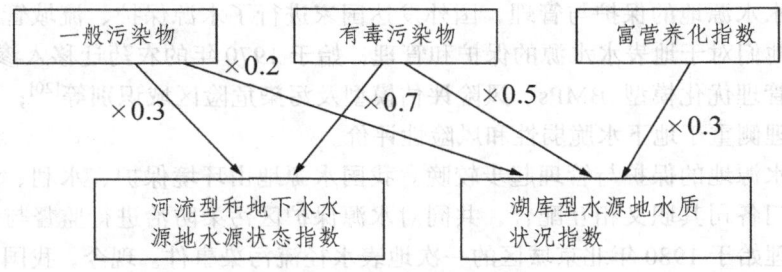

图 4-2 水质综合安全指数

4.1.3.2 水量安全评价方法

水量安全评价的目的是找出水源地水量保障程度低的水源地，分析其形成原因并判断该水源地是否具备改、扩建的条件，从而为解决规划城镇居民用水缺口奠定基础。水量安全主要体现在以下两点：水源地的水量状况；供给能力是否满足设计要求。地表水水量安全由枯水年来水量保证率与工程供水能力综合进行评价，地下水水量安全由地下水开采率与工程供水能力综合进行评价。

以上指标分为 1、2、3、4、5 级安全指数，分别对应优、良、中、差、劣等 5 种状况。水源地评价取 3 项指标的最大指数。水量安全指数为 4、5 级时，水源地的水量评价为不安全。水量安全评价指数及标准见表 4-3 和表 4-4。

4.2 水源地管理理论与技术

4.2.1 水源地管理理论

目前，水源地管理方面的主要理论和技术包括水源地主体功能区划分理论、"3S"技术应用和管理决策系统、定性定量相结合的系统信息模型及基于水源地的扩展投入-产出模型等[20]。

水源地主体功能区划分理论认为，水资源分布不均是造成我国水资源短缺的主要原因，运用该理论旨在根据环境承载能力、人口分布格局与地区发展潜力，统筹开发和发展我国有限的水资源，以满足人民对水资源的需求。

"3S"技术是遥感（Remote Sensing，RS）技术、地理信息系统（Geography Information Systems，GIS）和全球定位系统（Global Positioning Systems，GPS）的统称。运用 RS 技术获取水源地实时信息，运用 GPS 技术对水源地进行实时、动态、多维、精确的定位，运用 GIS 技术将信息进行采集、存储、整理与分析。合理利用这三种技术，可以进行水源地污染监测、分析和评价，及时评价污染程度，快速确定污染源，预测污染蔓延过程，协助政府部门管理和决策与水源地相关的问题。

基于水源地的扩展投入-产出模型，主要是指通过分析单位区域用水系数与降雨系数对水环境模型与经济模型进行整合，从而了解经济与环境系统的相互影响、相互制约关系，预测未来的经济发展速度、需水量与用水量关系。

4.2.2 水源地管理现状与对策

针对饮用水水源地的保护与管理，国外发达国家进行了水源保护、流域管理和水源净化处理等研究。他们对于地表水水源的保护和管理，始于 1970 年的农药迁移入渗和径流模型，到现今的最佳管理优化模型 BMPs、风险评估模型及污染危险区域识别等[20]；对地下水水源地的保护和管理侧重于地下水脆弱性和风险性评价。

我国对于水源地的保护与管理起步较晚。我国水源地由环境保护、水利、地质矿产、卫生、建设等部门各司其职又相互配合，共同对水源保护区污染防治进行监督与管理。我国的非点源污染治理始于 1980 年北京城区的一次地表水径流污染事件。现今，我国以农业非点源污染和城区径流污染的治理为主。在《饮用水水源保护区污染防治管理规定》出台并实施之后，我国进一步对水源保护区进行了分级划分，并对水源保护区的建设和保护做了更进一步的规定。目前，我国水源地保护与管理的侧重点在于按主体功能区划分的方法，协调统筹发展及进行水源地的环境保护工作。

当前，我国水源地管理仍存在监控和管理维护两方面的问题[20]。监控方面，设施落后、监控体系建设不完善，监测数据不准确、不全面，使得工作人员无法掌握准确的水源信息，给城镇供水安全带来隐患。管理与维护方面，在近年来水源地保护压力不断增大的形势下，运维体系不健全，水源保护联动机制不完善，管理制度匮乏等问题更加凸显。

针对我国水源地管理存在的问题，提出了以下四点对策[20]：

（1）完善饮用水水源的监控体系。

① 建立水位监控体系。通过安装智能传感设备等实现对水源地水情的自动监测，根据水源地的特性，建立相应的雨量站、水位计和水情自动监测系统，定时采集和传输数据，并实时将数据返回管理系统，一旦暴雨来临可实时准确地反映水库水位、蓄水量及上游雨量等相关数据，通过管理系统，工作人员可采取对应措施，确保下游人民群众的生命财产安全。

② 建设规范统一的城镇水质监控体系。通过扩大监测范围，增加监测频率、提高数据分析能力等，对突发性的水污染事故进行预防和处理。通过建设信息综合数据库，实时传输、储存与处理水源地水质、水量数据。

③ 配合外围数据综合分析。将气象数据（降水、温度等）、人口数据（有助于预测用水量变化、污水量变化）、社会经济状况等纳入监测范围，综合分析水源地水源水质、水量情况。

（2）提高对饮用水水源地的监督管理水平。

按地域实际情况，建立相应的水源地安全监督管理体制。通过运行各项管理制度，如管理、调度、操作、测报、值班、巡查制度等，实现对水源地的监督管理。每年进行4~5次水源地地域保洁工作，确保水源地清洁卫生，加强水源地巡查管理，禁止在水源地附近有钓鱼、游泳等人类活动，禁止往水源地倾倒垃圾等。有关部门和单位应相互配合和协调，进行水源地保护定期或不定期的执法活动。一些城市为了确保供水的可靠性，提高对饮用水水源地的监督管理综合水平，已开展了多水源地联合调度工程。

（3）制定有效的水源应急预案措施，降低水污染影响。

通过制定紧急预案，在事故发生第一时间向相关部门报告污染信息，有效提高事故处理与预防能力，并逐步实现以"预防为主、治理为辅"的水源地管理理念。

（4）水源地管理中新技术的应用。

三位一体的"3S"技术可以实现对水源地的综合分析、实时监测、精确定位，对水源地进行由点及面的污染监控、模拟、预测和管理。国外组织已将该技术使用到相应研究中，而我国在相关方面的研究甚少。但是，随着我国科技的持续发展和研究的不断深入，该技术将在我国被广泛使用。

2019年，全国集中式饮用水水源地环境保护专项行动进行了第一次视频会议，会议要求生态环境部研发的水源地遥感执法APP应大量投入使用。目前该APP正在全力保障着20个省（区、市）的水源地，并且新疆生产建设兵团也通过遥感执法APP实现了对县级饮用水水源地的信息报送和更新工作。卫星遥感应用为水源地保护提供数据支撑，"卫星遥感+执法APP"技术的推广，预示着我国水源地保护将步入精准化、智能化时代。通过卫星遥感采集水源地环境问题、空间数据、地区自查环境问题数据等相关信息，借助APP可为执法督察人员提供实时的定位信息和现场数据支持。

4.2.3 水源地智能管理技术

4.2.3.1 智能监测预警技术

饮用水水源地监测预警系统是保障饮用水安全的主要手段，包括水质安全预警和水量安全预警两个部分，通过对水质、水量与预设目标值的分析实现预警、预报[21]。

1. 水质安全预警系统

水质安全是指水源地水体质量的各项指标能够长久满足供水水质要求，长期饮用不会危害人体健康，且易于水厂处理[21]。水质安全预警主要是通过水质指标监测进行数据分析，识别主要污染源和污染物，判断其安全指标是否偏离其阈值，从而分析出潜在风险并及时做出预警和应对方案的过程。

水质安全预警系统主要利用地理信息技术、遥感技术、计算机技术、网络技术等手段，对水源地的地貌、环境、水质、水源分布等信息进行实时收集、模拟、分析、计算、整理、决策和管理[17]。

2. 水量安全监测预警系统

水量安全是指水源地的蓄水量能够满足不间断提供水资源的要求，其直接反映城镇集中式饮用水水源地供水量的保证程度，也间接反映出水源地所在区域气候变化及水资源开发利用对该区域安全的影响趋势[21]。水源地水量储蓄能力直接决定了其供水能力的高低。

水量安全监测预警系统通过大数据处理等手段分析大量的水源地水量相关历史资料，对水源水量现状进行分析和评价，对其出现的水量不足、水质污染等情况进行风险评价，利用水资源分析、蓄水能力分析，确定最优方案和应对措施。

4.2.3.2　智能调度管理技术

伴随着我国城镇化进程的日益加速，城镇人口与人均用水量也迅速增长，如何解决扩大供水规模，减少供需矛盾，同时如何高效利用并合理调度各地水资源减少浪费，成为现代自来水公司的燃眉之急。

随着计算机科学的发展，现阶段关于建模和求解的研究为解决水资源调度问题提供了新方法，如基于 GIS 的水资源模拟系统、水资源配置与调度中引入供应链管理等方法[22]。近两年，我国许多城市重点关注并研究了同区域多水源合理调度技术。该技术是指在同一区域内对多种可利用水源进行合理调配，调配生活、工业和生态用水，协调居民、行业等用水单位的用水关系，实现各水源之间的统一优化调度管理，充分利用智能管理理论，以成本最优为原则，实现供水调度智能化[23]。

4.2.3.3　应急管理机制

应急管理是指在面临突发事件时，社会组织为避免公众生命财产安全受损失所做的事前预防、事中应对、事后恢复等一系列应对机制。而水源地突发事件主要指因为自然灾害、人为污染排放、生产事故等造成的一系列不可预测的污染水源地环境的事件。污染物进入水源地保护区，将会造成水源地水质恶化，影响供水企业的正常供水与居民用水，造成社会恐慌与经济损失，必须采取紧急措施予以应对[24]。水源地水质指标超过《地表水环境质量标准》（GB 3838—2002）所规定的Ⅲ类水质标准限值即为水质超标，水源地遭到污染。

水源地突发环境事件应急管理是特指城市集中饮用水水源地面对突发环境事件时的应对机制，主要包括应急预案体系、应急管理体制、应急运行机制、应急管理系统[25]。

1. 应急预案体系

水源地突发环境事件应急管理首先需要建立应急预案体系，从基层组织到上级组织，从基层组织到高层管理部门，制定应急预案，形成职责明晰的管理体系网络，明确各级组织和部门在应急体系中的职责，确保管理无纰漏、无混乱。同时，明确各部门之间的共同职责，逐级细化。

2. 应急管理体制

将建立应急管理指挥体系和管理队伍作为建设重点,将指挥体系分为指挥机构和领导体系。一旦突发事件发生,指挥体系必须实现第一时间响应,按照应急预案启动对应程序,统一指挥,协调各部门之间的应急措施,保证应急管理的有效实施。同时,聘请具备相关专业知识的专家队伍,并充分调动公众参与积极性,调配地方力量,形成结构合理、响应高效的应急管理队伍。

3. 应急运行机制

而突发事件发生后,检验应急管理是否有效、可靠的标准则是应急运行机制。该机制主要包括了应急响应、应急处理和应急保障三大部分。应急响应的主要工作是进行信息的收集、预警、事件发生原因和程度研判、污染源排查和处置等。应急管理是核心,应急预案是保障。

4. 应急管理系统

依靠现代化信息技术,建立以大数据、人工智能为手段,以物联网为基础,以可视化为目标的应急管理系统,整合水质水量监测信息、应急事件上报、预案方案、水源地管理案例库和指挥系统等相关信息,可有效地发现突发事件并研判事件的走向。从而第一时间上报并联系管理小组成员,并为事件管理提供有效的帮助。

4.3 水源地智能管理典型设计方案

水源地智能管理可分为智能监测、智能调度和应急响应三个部分。建立水源地智能管理系统有利于水源地水质水量监测、水资源优化调度及对突发环境事件的快速、准确响应和解决。

4.3.1 水源地智能监测设计

饮用水水源地智能监测系统包括五个子系统:饮用水水源地监测系统、数据传输系统、水情评价分析系统、异常预警系统和信息服务系统。饮用水水源地智能检测系统的结构如图4-3所示。

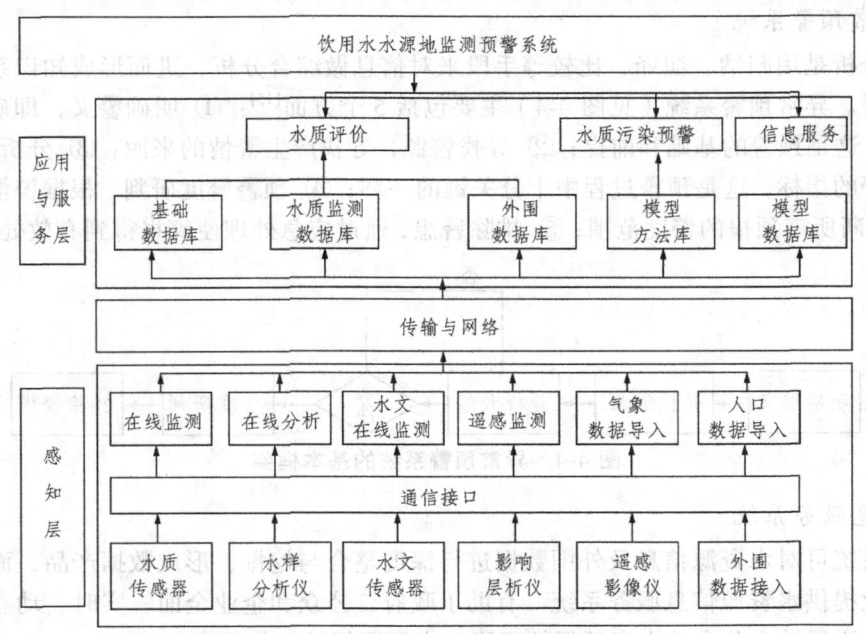

图 4-3 饮用水水源地智能检测系统的结构

1. 饮用水水源地监测系统

在该子系统中，相关部门通过一系列先进的技术手段，达到监测水源地水质情况的目的。该子系统主要包括水质水量监测模块、水文信息采集模块等，对水资源管理流域内的流入、流出及过程水体的水质水量在线监测信息，对流域内的水位、泥沙、降水、蒸发、水温、冰凌、地下水位等基础信息进行汇总，构建水资源管理感知基础数据体系。其主要任务是将采集到的水质数据模拟信号转化为计算机可认知的形式，然后将数据传送到数据传输系统。

饮用水水源地水质监测与外围数据是原始数据的来源，通过分布在不同区域的多个监测站点进行数据的采集，把原始数据通过物联网录入数据库管理系统。水质监测数据主要来自在线监测，外围数据主要通过相关网站收集得到。

2. 数据传输系统

该子系统的主要任务是从监测系统取得数据并结合得到的外围数据，将其传送给远程控制中心，将相关的水质信息资料准确及时地传递到决策部门，数据传输系统的时效性对水质监测预警系统的有效性有直接影响。

3. 水情评价分析系统

该子系统一般包括原始数据储存和数据处理两个部分，其任务是对从数据传输系统得到的数据进行处理和存储，且将这些数据及时地反映给相关的决策部门，提高决策部门决策的科学性。该子系统将传输完成的水质水量与外围数据，利用马尔科夫决策过程、BP（反向传播）神经网络等方法，建立水情状况评价的分析模型。根据各项指标的监测值，通过模型规定的算法计算出水质综合评分，并将能够反映原水中各项指标特性的可视化结果输出。将水质水量监测站采集到的各项指标监测数据建立为数据仓库，根据大批历史数据，利用 LSTM（长短期记忆）神经网络等方法建立模型预测后续时刻水资源各项指标监测值的演变趋势，从而根据评估模型预测后续时刻原水状况进行综合评分。

4. 异常预警系统

预警分析是用归纳、演绎、比较等手段来对信息做综合分析，进而形成知识系统，满足预警的需要。异常预警系统（见图4-4）主要包括5个方面[15]：① 明确警义，即确认监测预警的对象，这是预警的基础和前提；② 寻找警源，寻找产生警情的来源；③ 分析预警内容，即分析预警的指标，这是预警过程中十分关键的一环；④ 预警警度研判，根据警情发生的严重程度，判断所需预报的警度范围；⑤ 排除警患，通过应急处理使警报得到有效处理与解决。

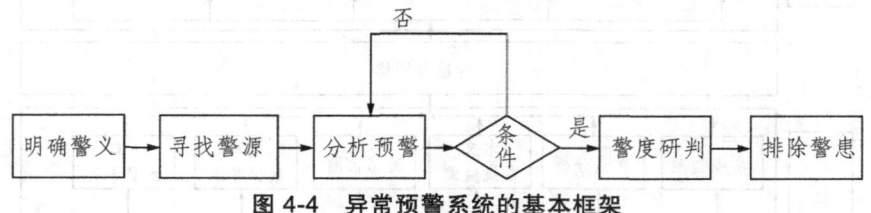

图 4-4　异常预警系统的基本框架

5. 信息服务系统

该子系统可对水资源信息及外围数据进行深度整合与挖掘，形成数据产品，面向政府、公众和企业提供水资源信息服务系统，有助于政府、公众和企业全面、实时、动态地了解水资源状况，增强社会公众的水资源保护意识和水资源保护工作的参与感。

面向政府部门，如为环保部门提供污染溯源服务，为公共安全部门提供防洪抗旱预警服务；面向公众和企业，自动生成水资源状态评估报告，给出实时及历史水资源状态评估，根据遥感数据生成三维可视化动态模型。

此外，该子系统还包含个性化水利信息综合采集分析引擎：① 面向不同的客户群体（如环保局、卫生局等），提供定渠道定专题式的定制化信息获取服务，支持设定详细的关键词配置规则，检索范围涵盖信息平台数据仓库及主流网站，并将采集到的信息生成简报，此外，可支持对采集到的信息进行初步的分析挖掘操作，以可视化图表的形式更直观地呈现关键内容；② 实时发现各大主流网站、论坛中与水利相关的舆论情报内容，区分正面舆论与负面舆论，及时发现整个水利系统工作中的优缺点，及时针对社会对水利工作的舆情做出响应。

4.3.2 水源地智能调度设计

水源调度主要内容包括水源地调度模型、情景库构建及调度方案优化和技术集成3个部分[26]。

1. 水源地调度模型

水源地调度系统是一个具有能同时多水源、多水厂、多区域联合调度的复杂调度系统。通过梳理水源水量、水厂处理能力、蓄水量、管网压力及用户需水量这五个单元的关联性，建立水源—水厂—用户的三级结构，形成多水源调度网络。

2. 情景库构建及调度方案优化

情景库构建包括日常情景库与应急情景库。

日常情景库[26]通过整合过去水资源调度的详细案例及相关专业知识经验，与当前水源可供水方案、蓄水方案、需水方案、用水总量、供水设施设备等相关数据结合，梳理日常调度需求，并整理汛期、枯水期、冬季等各时段典型季度的调度预案，搭建日常调度的总体要求、监测、协调、响应等环节。

应急情景库以风险管理理论为基础，进行水源地供水安全评价。整理国内水资源调度案例和预案措施，运用应用情景下的供水调度模型对水源地调度进行模拟分析，将安全评估、优化预警、调度措施交互匹配。

3. 技术集成

水资源调度平台需要实现信息化、智能化和数字化，不单要满足数据采集、传输、管理和资源调配的管理需求，还需集成多水源最优配置模型、基于供给水系统调度模型进行智能决策，同时嵌入大数据技术、人工智能技术的智能决策系统，通过关键技术的集成更好地为智能化供给水系统服务。

5 供水处理系统智能控制解决方案

5.1 供水处理

5.1.1 供水处理理论

供水是指向包括居民、工业、农业等各类客户提供水资源合格的用水。供水处理是指对水源地提供的原水进行处理，使其达到相应水质标准的过程。通过供水处理，可以去除水中杂质，改变水的物理、化学性质，改善其使用性质等。不同用水地点和用水类型，由于水源地原水水质差异和用水场景的区别，对供水的处理要求和处理方式也不尽相同。

供水处理的任务就是针对水源地特征进行原水加工，使其满足对应用水场景的要求。具体内容包括[27]去除悬浮固体、去除有害的溶解成分、去除溶解固体、去除溶解性有机物、去除溶解气体、降低冷却水温度、改善水质以防止在输水过程中发生污染、对供水处理过程中产生的废水进行处理或处置。

5.1.2 供水处理基本过程

一般供水处理过程主要由取水、加药、沉淀、过滤和消毒工序组成，其工艺流程如图5-1所示。

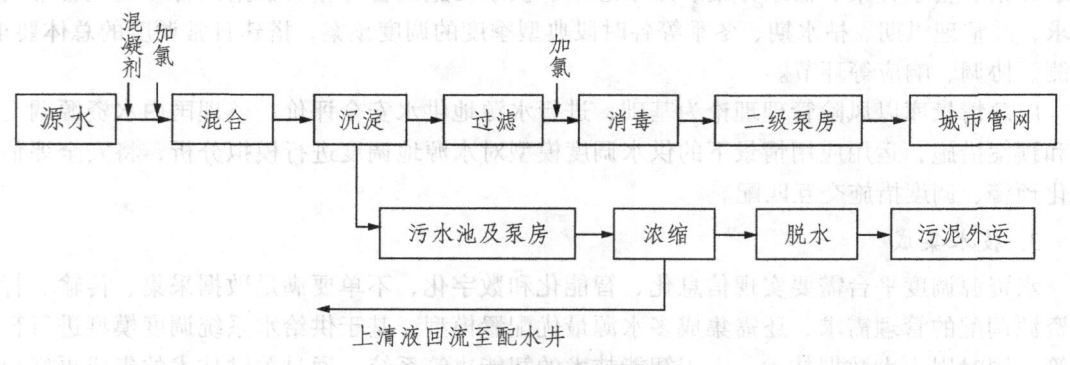

图 5-1 供水处理工艺流程

（1）取水：通过水泵将原水抽入水厂运行管道和处理装置。

（2）加药：按一定的组分配比投加合适的混凝剂，降低水中的悬浮固体与部分溶解性固体。

（3）沉淀：经过混凝将水中的杂质沉淀下来，降低出水浊度，使出水澄清。

（4）过滤：进一步去除水中悬浮颗粒。

（5）消毒：过滤后的水需经过臭氧或紫外消毒，检验合格后才能输送到用户端。

5.1.3 供水处理现状

从当前水厂的供水处理实际情况来看，我国供水处理还处于一个比较落后的水平。供水处理工艺虽已在研究与应用生物预处理、饮用水深度处理及膜法水处理等新型工艺，但大多水厂还停留在常规处理工艺阶段。水厂自动化控制也存在比较多的问题亟待解决，如水处理设备性能不高、自动化控制水平低下、系统化程度不高等，造成水处理过程容易出现信息孤岛与精细化程度不高等问题。

目前，我国很多水厂已经应用PLC技术、SCADA系统和DCS实现了水厂的自动化控制。

PLC（Programmable Logic Controller）技术是一种可编程的逻辑控制器，可以进行存储、计数、定时等操作，因而广泛应用于水处理在内的诸多领域[28]。相比以前需要依靠人工经验投药、控制与维护，PLC技术的应用大大提高了供水质量与效率，节约了资源，降低了人工成本与维护成本，减少了因人工操作失误造成的不必要的损失，通过对出水水压的自动化调节大大降低了爆管的发生。

SCADA（Supervisory Control And Data Acquisitiong）系统是一种数据采集与监控系统，通过对水厂的设备进行实时监视与控制，可以实现数据采集、设备调控、参数调节等功能。

DCS（Distributed Control System）是一种集散控制系统，是以通信网络为基础的多级计算机系统，可对各种设备进行分散和集中控制[29]。

三种自动化控制技术中，SCADA系统通信灵活但实时性较差，可用于中小型自来水厂；对于大型、复杂化程度高的自来水厂一般选用PLC技术、DCS或两种系统联用的方法，从而达到有效地控制时间、水量、加药量等目的。

除了自动化控制系统以外，水厂还需建立综合布线系统、监控系统、警报系统、设备管理系统、化学实验室管理系统等。但水厂各系统之间相对独立，信息无法共享、数据管理不统一、数据查询不方便、系统没有实现互相协作和资源浪费等问题是我国水厂面临的最大问题。

5.1.4 供水处理智能化控制

为解决我国自来水厂各系统间相互独立、信息无法共享等问题，实现数据真实、管理高效、优质达标等目标，建立以自动化控制、智能化设备为基础，以供水处理工艺流程监测为中心，利用大数据、云计算、物联网等新兴技术，以智能化终端为手段，建立信息化、智能化、安全化的统一管理平台，是我国水厂未来发展的必然趋势。将自动化控制系统、监控系统、警报系统、设备管理系统、水质实验室管理系统等有机结合，统一到管理平台上来[30]，实现多部门信息共享、协同工作，数据分权展现等功能；通过数据中心与共享中心，实现与相关部门的应用系统之间业务数据的信息交换，达到信息共享和协同工作。

5.2 核心工艺单元自动控制

为了降低水厂生产的经济成本和提高水厂的社会效益，必须在现有工艺水平上提高水厂的自动化控制能力与现代管理水平，科技发展与时代进步也使得生产自动化程度不断提高成为一种必然趋势，主要体现在以下三个方面[31]：

（1）供水能力优质化。用自动控制代替人工经验控制，提高自来水厂出水水质，降低供水处理运行成本。可根据原水水质情况、浊度等来调控加药量、调节滤池进出口浊度，保障出水水质的同时降低成本。

（2）节能降耗。一个设备齐全的自来水厂应该装备有大型机泵等高耗电设备，通过自动化的精细调节，可实现最大限度地节约能源。例如，调节泵房电机的速度可以实现恒压、恒流的科学供水，避免能源浪费，达到节能降耗的目的。

（3）提高生产效率。各个控制单元根据系统的整体运行情况，自动调整各个水处理构筑物的运行状况，通过改变药物投加量、污泥排放量、反冲洗周期和时间，实现各构筑物在最佳运行状态下的运行。

以提高供水水质、提高生产安全可靠性、降低能耗和成本为目标，设计基于智能控制的供水处理系统是自来水厂发展的必然趋势。

5.2.1 取水泵站自动控制

取水泵站的主要功能是将原水输送至水厂，其需要实现的功能应包括[32]：

（1）取水泵站机组及其防水锤阀门可以分为现场手动、远程手动和远程自动三种工作方式，自动控制系统通过控制程序中采集到的数字信号来判断模式。

（2）格栅由两侧水位差异判断来决定是否自动启动；增压泵由冷却水的压力判断是否自动启动和停止；潜污泵采用液位作为起始条件，由自动控制系统进行远程监控。

（3）收集和记录原水分析仪器、单位泵组压力表、冷却水压力表、抽水井液位计等的数据。

（4）设置信号转接柜、远程I/O。

取水泵站的结构如图5-2所示。

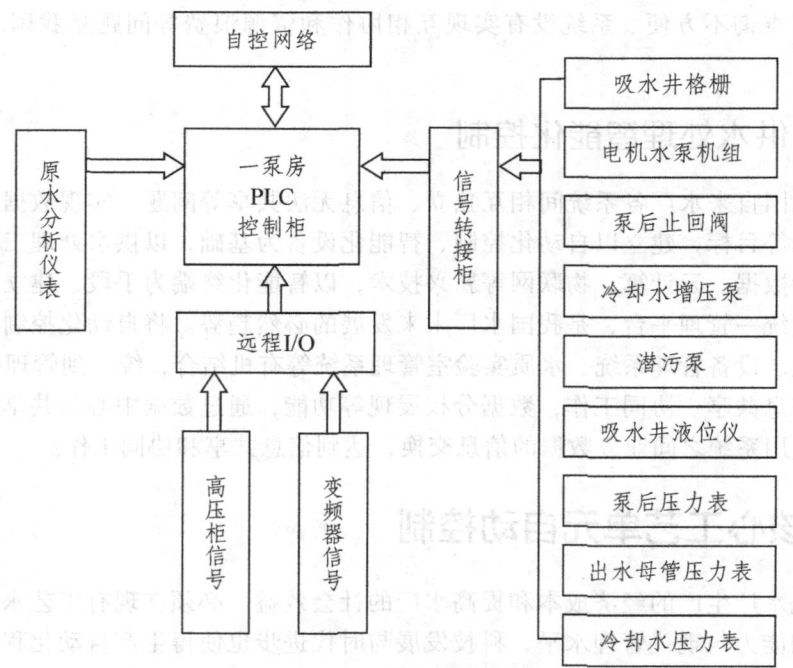

图5-2 取水泵站的结构

5.2.2 加药自动控制

加药自动控制系统可分为药剂的配制系统与药剂的投加系统两个部分[32]。药剂制备过程中需要的设备主要有进气阀、进水阀、提升泵和鼓风机。加药过程中需要控制的设备有计量泵和出矾阀。药剂配制的主要目的是为了控制水添加到药剂中的量来控制添加药剂的剂量从而达到目标浓度。加药过程主要分析了原水水量、水质和出水水质的变化,实现自动调控药物投药量。

5.2.2.1 矾液配制

首先在计算机界面上设置原始浓度、配矾浓度、矾池液位及配矾深度。用PLC技术自动计算出浓矾浓度与水深,进矾阀自动开启,等到液位上升到进水液位时,进水阀自动开启,进矾阀自动关闭。当液位上升到设定的配矾深度时,进水阀自动关闭,搅拌机开启,一定时间后配矾过程完成。具体配矾流程图如图5-3所示。

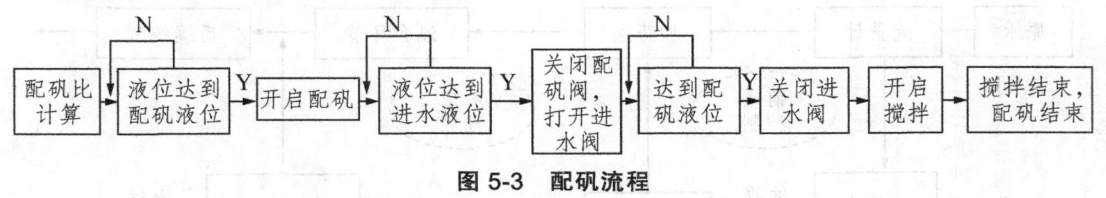

图 5-3 配矾流程

5.2.2.2 加矾控制

根据累计参数(沉淀池的进水流量、原水浊度和出水浊度)的统计分析,建立一个数学模型来确定它们与混凝剂投加量之间的定量数学关系。

1. 前馈控制

以数学模型为基础,根据加矾量和进水流量、原水浊度、矾液浓度之间的关系,通过PLC技术实现对加矾量的自动控制。加矾前馈控制模型如图5-4所示。

根据由经验数据得到的加矾曲线,查表后可通过PLC求出加矾系数,再运用乘法器求出加矾量,转换加矾量为计量泵可以识别的冲程和频率,由计量泵进行自动加矾。

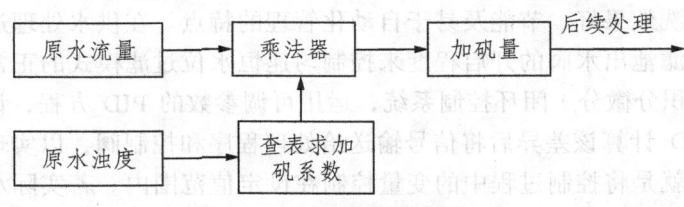

图 5-4 加矾前馈控制模型

2. 反馈控制

反馈控制一般是根据投药池的出水浊度,计量泵的频率和沉淀池的出水浊度,由PLC完成计算并实现闭环控制,以实现对加矾量的控制。因为浊度值是根据沉淀池的出水浊度设定,可将沉淀池的出水浊度作为反馈信号实现对设定值进行实时调整。其控制模型如图5-5所示。

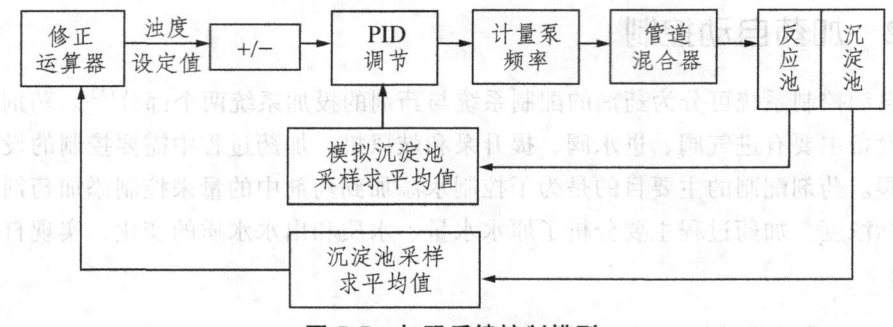

图 5-5　加矾后馈控制模型

3. 前馈-反馈控制

自来水厂需根据当日用水量情况进行水量生产调整，高峰期时可能需要同时开启多台取水泵，而夜间则可能停止取水泵运行长达数小时。进水量的大幅度变化将对自动加药控制系统产生很大的干扰，因此设计了加药系统的前馈-反馈控制系统。其控制模型如图 5-6 所示。

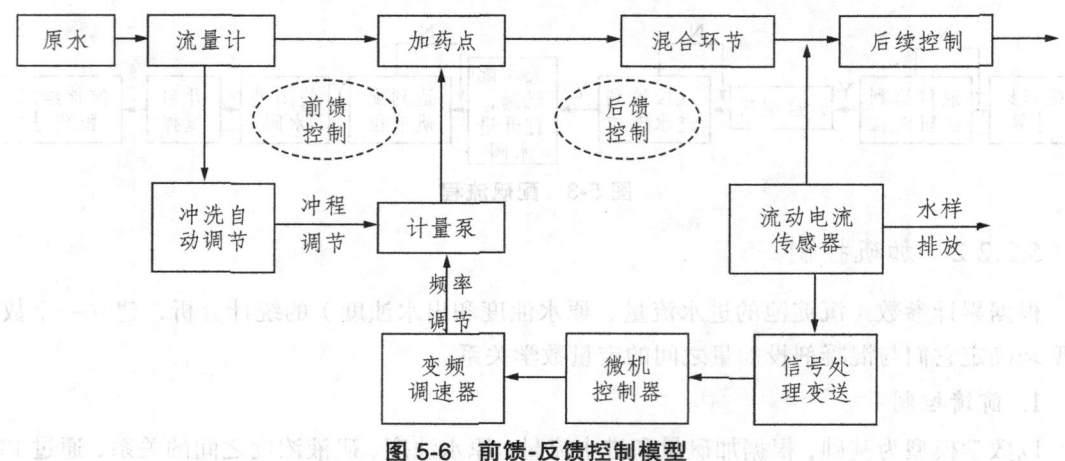

图 5-6　前馈-反馈控制模型

5.2.3　滤池自动控制

V 形滤池是我国自来水厂现今使用最为广泛的工艺，它具有出水水质好、过滤速度快、运行周期长、反冲洗效果好、节能及易于自动化管理的特点。在供水处理过程中，水厂必须根据水位变化调节滤池出水阀的开启程度来控制匀速恒水位过滤模式的正常运行。这是一个典型的 PID（比例积分微分）闭环控制系统，运用可调参数的 PID 方程，计算设定值和过程值之间的差异，PID 计算该差异后将信号输送给处理程序和控制阀，以实现整个过滤过程的自动控制，其目的就是将控制过程中的变量控制在设定值范围内。若实际水位比设定的水位值小得多，就调低输出的开启程度，反映为进水的流失越慢，则过滤后的清水出水阀的开启程度就越低。

5.2.4　加氯自动控制

加氯自动控制是水处理中非常重要的一环，水厂进行水处理的整个工艺流程中氯气的投放将严重影响水质的达标情况。加氯自动控制主要包括三个方面：气源切换、氯化方案设计及氯化机的添加。目前，最常规的加氯方式有流量比例控制、复合环投加控制两种。

在实际的水厂生产过程中，不同的加氯点发挥着不同的作用，加氯过程按加氯位置的不同可分为预加氯、前加氯、后加氯和出水补氯[32]。目前，一般的水处理过程只包括前、后加氯两个过程。前加氯的投加点设置在原水总管处，后加氯的投加点设置在滤池后。与前加氯相比较，后加氯更为复杂，因此，需要将氯气经过与水充分混合后的余氯值作为反馈信号，混合时间不宜过长，否则将会因接触时间过长而造成测定结果失真。为了更稳定地控制加氯过程，需在滤池后主管上安装流量计，将过滤后的水流引入加氯控制中，并使用流量比例控制加 PID 复合环进行控制。

1. 前加氯控制

前加氯的作用主要是杀藻及助凝。因为原水的需氯量一般比较稳定，且因为后加氯的存在而对前加氯的残余氯要求并不高，所以可以采用流量比例加氯控制。前加氯投加量与原水流量成正比关系，利用流量比例控制器计算前加氯的量，控制加氯机的阀门开度，根据进水流量调节加氯量。该方法运用的数学模型如下：

$$I_c = K_f Q_s$$

式中　I_c——控制器输出；

　　　K_f——比例系数；

　　　Q_s——源水瞬时流量。

K_f 值的设定需根据原水需氯量而定，可通过上端监控设备或过滤前的余氯值多少来进行调控，同时保障消毒效果与成本控制。

前加氯控制的原理如图 5-7 所示。

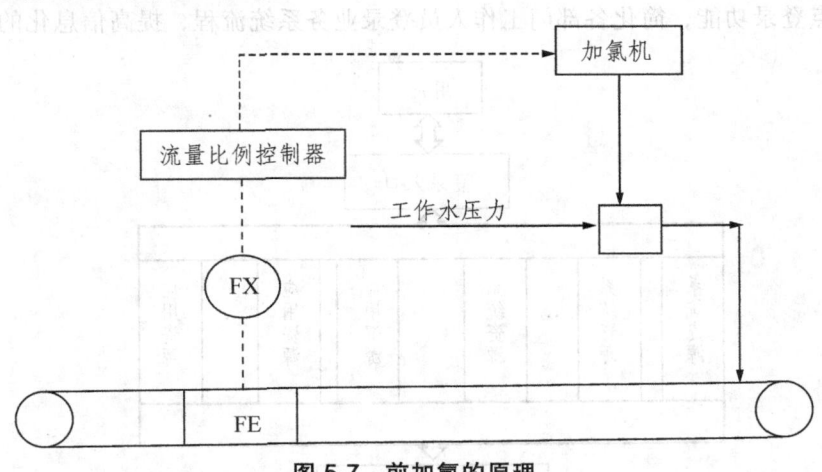

图 5-7　前加氯的原理

2. 后加氯控制

为保障出水水质，在滤池后的总管道还需要进行一次后加氯控制，并对出水余氯进行监控与反馈，以保证出水余氯是达标的。后加氯控制通常采用复合环自动加氯，即根据滤后水量及出水余氯控制反馈构成复合环控制[33]。一般控制流程为：根据滤后水的流量和测定的加氯后水中的余氯值，通过 PID 控制器控制加氯量，使出水余氯值控制在标准范围内。后加氯控制的原理如图 5-8 所示。

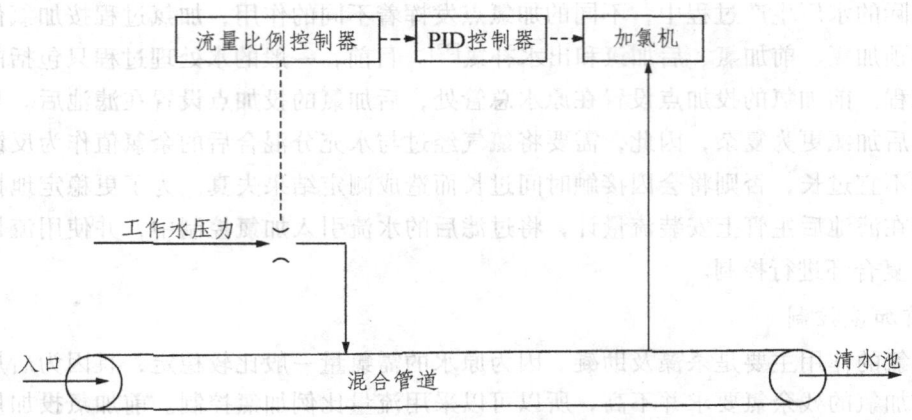

图 5-8 后加氯控制的原理

5.3 供水处理系统智能控制典型设计方案

供水处理系统智能控制的设计目标为：以自动化控制为基础，以供水处理工艺流程运行为中心，利用物联网、大数据等新兴技术，以智能化终端为手段，建立信息化、智能化、安全化的统一管理平台。将智能化控制系统、设备管理系统及水质监测系统有机结合并统一到管理平台，实现信息共享、数据交换，既保障各系统原有功能正常运行又实现协同工作，保障供水处理各个环节集中管理与控制，达到建立供水处理系统智能控制的目标。"供水处理智能控制系统"统一管理平台如图 5-9 所示。统一管理平台主要对多个应用系统进行集成化管理，提供单点登录功能，简化各部门工作人员登录业务系统流程，提高信息化的一致性。

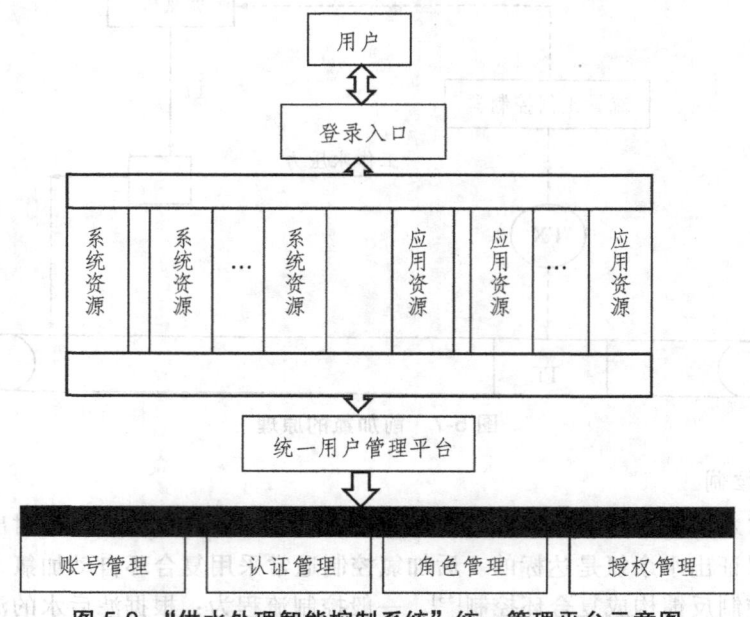

图 5-9 "供水处理智能控制系统"统一管理平台示意图

整个系统包括了智能化控制系统、水质管理系统和设备管理系统三个部分。各个系统可以通过统一的网络平台、庞大的数据库，相互协作完成供水处理过程中的监测、控制与管理，完成自来水厂的智能化控制升级改造。

5.3.1 智能化控制系统

智能化控制是供水处理最核心的部分，主要体现在供水处理的几个核心单元环节，如取水、加药、过滤、加氯等。将水厂智能化控制运行在统一的网络平台，可以实现取水泵站的智能监控；实现加药、加氯系统的自动控制；实现滤池的过滤自动控制；实现输出泵站的远程调控等功能。

1. 取水泵站智能控制系统

根据人工经验的传统取水泵站控制系统，无法实现对水位的预测，不能根据用水量的需求自动开停水泵，从而造成资源的严重浪费。取水泵站智能控制通过监测水仓水位来控制水泵的启动与调节、调度处理水量。取水泵站智能控制系统可由数据控制器、通用控制器、人机交互界面、监控器、交换机和计算机等组成。

可以实现的功能有：① 读取取水泵站组的实时运行数据，经计数器、存储器、译码器等协同处理将数据传输给通用控制器，经处理后的图形、图像、数据等可以在显示屏上直观地反映，方便水厂工作人员实时查看取水泵站的工作情况，进水水量、水位、电机工作情况、出水流量等信息；② 通过计算机处理得到数据，可以通过交换机转换成系统操作。当生产过程中出现水位超高时，PLC 将会通过 I/O 接口控制水阀开启程度。

2. 加药、加氯智能控制系统

该系统可以实现加药、加氯量的自动化控制与调控，其框架图如图 5-10 所示。

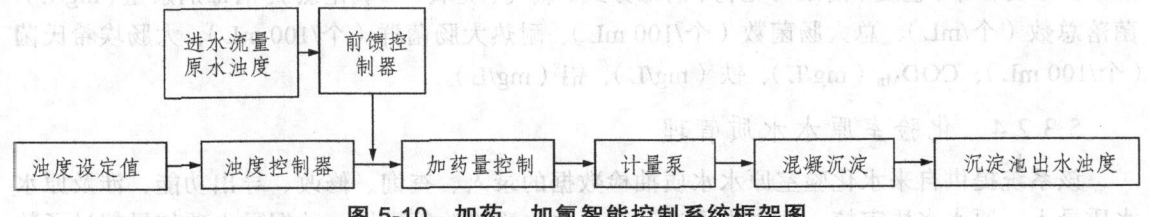

图 5-10　加药、加氯智能控制系统框架图

加药、加氯自动投加系统主要由前馈控制器、DCS、PLC 和加药、加氯设备等组成[34]。以出水浊度为调控目标，调控絮凝剂、氯的投加量。通过 PLC 感应加药、加氯仓的液位变化来控制阀门的开启程度。

5.3.2 水质管理系统

水质管理系统主要用于水质监管，保证数据的实用性、真实性、完整性、可分析性。系统提供水质数据填报、审核，水质日报、月报，水质分析等功能。

5.3.2.1 设计参数管理

该系统提供对自来水水厂设计参数的录入、查看、修改等功能，原则上设计参数一旦录入系统，不允许随便修改，修改必须是由相应权限的管理人员或者被授权的人员进行参数的修改、增加或调整工作。自来水厂设计参数由自来水厂化验室录入，其中设计参数主要包括以下几个方面：

（1）基本参数：自来水厂名称、设计规模、建设时间、设计工艺、消毒工艺、供水类别（集中式供水或小型集中式供水）等。

（2）地表水环境质量标准（GB 3838—2002）规定的原水 109 项标准值。

（3）生活饮用水卫生标准（GB 5749—2006）规定的 106 项标准值。

5.3.2.2　原水水质管理

该系统提供自来水厂原水水质日检数据，原水水质月检数据的录入、审核、查询、修改、导出功能，涉及原水水质录入、原水水质审核、原水水质查询、原水水质修改等模块，可实现查询数据的导出、导出的 Excel 自动加密、自动生成打印报表、查询数据的图表显示、超标数据自动发出警示信息等功能。

原水水质监测管理需录入的数据项包括厂名、采样日期、水温（°C）、色度、嗅和味、pH 值、浑浊度（NTU）、氨氮（mg/L）、COD_{Mn}（mg/L）、粪大肠菌群（个/100 mL）。

5.3.2.3　出水水质管理

该系统提供自来水厂出水水质日检数据、月检数据的录入、审核、查询、修改、导出功能，涉及出水水质录入、出水水质审核、出水水质查询、出水水质修改等模块，可实现查询数据的导出、导出的 Excel 自动加密、自动生成打印报表、查询数据的图表显示、超标数据自动发出警示信息等功能。

出水水质监测管理需录入的数据项包括厂名、采样日期、水温（°C）、pH 值、浑浊度（NTU）、嗅和味、色度、肉眼可见物、消毒方式（氯气、臭氧、二氧化氯）、消毒剂余量（mg/L）、菌落总数（个/mL）、总大肠菌数（个/100 mL）、耐热大肠菌群（个/100 mL）、大肠埃希氏菌（个/100 mL）、COD_{Mn}（mg/L）、铁（mg/L）、铝（mg/L）。

5.3.2.4　化验室原水水质管理

该系统提供自来水化验室原水水质抽检数据的录入、查询、修改、导出功能，涉及原水水质录入、原水水质审核、原水水质查询和原水水质修改等模块。数据录入项如果超过了数据设置的阈值，则给出预警提示信息，需重新录入值。

化验室原水水质的标准参考地表水环境质量标准（GB 3838—2002）规定的原水 29 项（包括水温、色度、嗅和味、pH、浑浊度、氨氮、COD_{Mn}、粪大肠菌群、总碱度及其他项目）。

5.3.2.5　化验室出水水质管理

该系统提供自来水中心化验室出水水质抽检数据的录入、查询、修改、导出功能，涉及出水水质录入、出水水质审核、出水水质查询、出水水质修改等模块。数据录入项如果超过了数据设置的阈值，则给出预警提示信息，需重新录入值。

化验室出水水质的标准参考生活饮用水卫生标准（GB 5749—2006）规定的出水常规 42 项（水温、pH、嗅和味、浑浊度、色度、肉眼可见物、消毒剂余量、菌落总数、总大肠菌数、耐热大肠菌群、大肠埃希氏菌、COD_{Mn}、铁、铝及其他项目）。

5.3.3 设备管理系统

供水处理流程复杂，涉及的仪器、设备数量庞大，对设备的使用和管理效果，直接影响智慧供水系统控制能力的高低。因此，建立智能化的设备管理系统必不可少。通过设备管理系统，对水厂的主要设备、仪器及其购置、安装、使用、维护等信息进行收集、整理与分析[30]，借助科学的管理，使设备、仪器的使用能达到最大化。

设备管理系统将设备的实时运行数据传输至智能化终端，经大数据、云计算等技术分析、整理设备的运行状态与安全性，若有异常情况发生时，将自动发出警示信息。借助大数据、物联网、云计算等技术的支撑，基于 3D-BIM 技术，建立供水设备管理系统，以三维、动态的可视化方式对设备进行全生命周期的运维管理。

6 供水管网系统智能运维解决方案

供水管网系统是城市的重要基础设施，供水管网的运行维护是影响供水水质水量的重要因素。如何将饮用水安全可靠地输送到每个家庭和企业，是自来水厂必须面对和解决的问题。为保障供水，需要对供水管网进行异常压力检测、快速漏损定位及二次供水保障等环节的控制，对故障率较高的老旧管网进行预测和预警，并与供水处理系统联动建立生产调度体系。由于供水管网结构错综复杂，建立供水管网水力模型、神经网络模型等，有助于准确、快速掌握供水管网信息与运行情况，但数据的管理、信息提取与模型计算等需要借助高算力的计算机完成，依靠传统的人工经验已经难以满足越来越庞大的供水管网系统运维管理。

运用人工智能、物联网、GIS、大数据、区块链等现代化的信息化技术，将管网基建数据、管网运行数据、管网业务数据等充分融合和利用，深度挖掘数据涵盖的信息，帮助供水企业科学、智能地进行供水管网的运行维护，为供水管网的安全运行、高效运行、节能运行提供可靠的支撑与帮助。

6.1 供水管网监测方法

城市供水系统从水源到用户，过程复杂，环节众多，任何一个地方出现问题就可能影响供水水质、水量和水压。水质不达标关系到公众的饮水安全，水量偏差会造成供水不足或水资源的浪费，水压问题可能导致漏损甚至爆管事故的发生。而供水管网监测往往又是滞后的，在发生异常情况后才能监测和响应。因此，供水管网的监测系统有待完善并提高，需要借助现代化先进技术，加快监测速度，缩短响应时间，实现数字化、信息化、安全化的供水管网监测系统。

6.1.1 水质监测

饮用水安全问题一直是老百姓关心的重要问题，供水管网的水质监测大多在饮用水出厂时进行，而供水管网发生的水质污染往往是在输送过程中。由于管网腐蚀、微生物生长等因素，到达用户端时，水质可能已经达不到出厂时的水质条件与国家规定的生活饮用水标准。因此，对供水管网进行监测是必要的。根据《城市供水水质标准》（CJ/T 206—2005），需对管网水的浑浊度、色度、臭和味、余氯、细菌总数、总大肠菌群、COD_{Mn}（管网末梢点）这7项指标进行检测。

6.1.1.1 水质监测系统

供水管网水质监测系统主要是综合运用传感器、通信设备、控制器与计算机这4种技术和设备，建立具有先进监控水平与数据采集、传输、处理能力的水质监测系统。

1. 传感器的应用

安装带有传感器的水质监测仪表，可实现供水管网的在线监测，提供24 h不间断的实时、在线监测。传感器由敏感元件、转换元件、变换电路和辅助电源组成，敏感元件测量并输出被测量物体的物理信号，通过转换元件将物理信号转换为电信号，再通过变换电路调制放大，辅助电源为转换元件和变换电路供电。

2. 通信技术

一般将通信分为三个层次：监测仪表等底层的通信、信息与管理层的通信和控制层的通信。由监测仪表等设备对监测到的供水管网数据进行实时数据传输。通过互联网等，实现终端与供水管网之间的网络连接，实现信息的及时沟通与共享，获取远程信息。

3. 控制技术

控制系统的硬件由远程测控终端和现场测控设备、检测元件、智能仪表等组成[35]，是供水管网水质在线监测的重要组成部分，具有遥控、遥测等功能。目前，投入使用的控制设备包括控制仪表、智能控制仪、PLC等。

4. 计算机技术

将计算机技术运用在供水管网领域，主要是通过模拟供水管网的实际运行状况，建立供水管网模型，从而帮助解决实际问题，是供水管网运维研究的方向与重点，而互联网的应用也是水质数据在线传输的重要保障。供水管网水质监测系统中，监测数据、调度方案与水质分析的控制主要由计算机完成，借助计算机系统的帮助，建立模型，可以实现数据储存、处理与分析等。

6.1.1.2 监测点的布设

供水管网是个相对封闭的环境，要实现对供水管网中水质指标的监测，需要在供水管网中铺设监测点，为监测水质情况变化提供水质参数信息。当供水管网出现水质问题时，监测点能做到快速检测与数据传输，并通过GIS等定位技术快速确定出现问题位点的位置，做出有效、准确的判断及响应。因此，合理、全面、经济地布置供水管网监测点是保障水质安全的重要途径。

选取供水管网监测点的原则主要有：① 经济适用性原则，以最少的布点覆盖最全的供水管网面积，保障全面准确地反映供水管网内水质情况的前提下，尽可能节约投入；② 快速响应原则，当水质发生恶化时，选取的监测点能快速准确地定位水质变化的信息与位置；③ 污染最少原则，当水质发生污染，监测到污染信息，通过合理调度改变供水传输路径，保障已受到污染的供水量最少。

传统的监测点一般是根据人工经验，布设在水厂出水口、水质易恶化管道、大管径管道、大流量管道和大用户节点管段[35]。但仅仅依靠人工经验，存在监测数量不经济、布点位置不合理等问题，不能全面、准确反映供水管网水质情况。在供水行业越来越智能化的今天，部分自来水公司已经实现了借助软件来模拟监测点位置的布置。目前，比较常用的有覆盖水量法、节点水龄法、有效监测范围法等。

监测点的布设方法

6.1.2 水压监测

供水管网水压变化情况不仅能直接反映供水服务质量，还可以反映管网运行情况并对管网调度起到重要的指示作用。压力监测要求能反应监测节点位置流量变化，便于有效监控漏损或爆管事件的发生。通过掌握供水管网的压力信息与压力分布，有利于实现供水的实时优化调度、防止漏损事件的发生与蔓延、提高管网运行效率、保障供水管网的维护。在供水管网中布置压力监测点，其主要目的可以概括为[40]：

（1）全面掌握管网压力分布情况：压力分布情况能有效反映供水管网的正常工作状态，保障供水服务质量。

（2）推断漏损、爆管等事故的地点、原因、影响等：一旦监测到水压异常数据的出现，都可能是发生了漏损、爆管等异常事故，通过压力监测，快速定位事故地点，帮助工作人员维护、检修事故管段。

（3）掌握供水管网工况：作为管网优化调度的基础。

（4）帮助监控管网漏损量。

目前，国内外在研究供水管网压力监测点的选择问题上主要开发了几个比较具有代表性的算法：灵敏度法、模糊聚类分析法和遗传算法[41]。

具有代表性的水压监测算法

6.1.3 流量监测

通过供水管网流量监测，可以了解管网运行情况，实现供水管网优化调度和突发事件监控。供水管网流量监测一般需要考虑的项目有监测点的布置和管网分区等。

6.1.3.1 监测点布置

流量监测点可以参照压力监测布点方法，利用管网水力模型，运用灵敏度法、模糊聚类分析法和遗传算法等对供水管网进行流量分析，实现对流量监测点的合理、优化布置。

流量布点优化布置大致步骤有[44]：

（1）根据供水管网水力模型、流量监测点优化布置理论，初选流量监测点位置；

（2）根据分区原则对供水管网进行分区；

（3）根据区域计量分析（DMA）方案设计原则，对分区方案和流量监测点初步方案进行整合、修改，最终得到流量监测点布置的优化方案。

6.1.3.2 分区计量

分区计量是将供水管网分成很多个区域，对每一个区域内的管网流量进行独立计量。通过供水管网流量分区计量，可以实现漏损位置的快速确定，是检测供水管网漏损管理水平的重要手段。目前，分区计量管理主要分为压力分区计量、管理分区计量和区域分区计量3种方式。

1. 压力分区计量

由于压力与漏损是呈正相关的关系，根据城市地形地貌与用户对需要量的要求，可将供水管网分成若干个压力区。分区后，重点监控水压高压区，通过对高压区进行控制与调整，降低管网内部的平均水压，减少漏损与爆管发生。

2. 管理分区

人口密集的大型城市往往供水管网分布错综复杂，可以根据城市中已经存在的明显边界线（主干道、铁路、行政区边界等）对供水管网进行分区，达到资源的最大化利用的方法就是管理分区。另外，需充分考虑各个自来水厂公司之间营业区域的划分，这将有利于进行水量校对、发现产销差，使管理更加清晰直观。

3. 区域计量分区（DMA）

区域计量分区主要针对供水管网发展较为完善的地区，是根据供水管网的水体走向，通过阀门关闭将管网分隔成若干个区域，再利用流量计对每个区域的管网流量进行监测。这种分区方式的优点是：可以及时发现漏损、爆管等突发事件，准确定位事件发生的位置，减少人工检测的时间。该方法也是降低供水产销差的有效途径，是智能化供水管网管理的发展方向。

6.2 供水管网模型

对于供水公司来说，已经采集到大量的供水管网的布置、用水调度、管网压损等数据资料，为实现管网的优化运行，需要探究如何利用这些海量数据进行供水管网模型构建、管网故障检修、水质水量保障等。研究重点包括：如何在保证供水管网正常运行和达到供水需求的前提下，降低供水管网的能耗和漏损量；如何根据供水管网的水流信息状态预测可能发生的爆管现象；如何在自来水进入供水管网时确定供水到用户端的水质确保达标；如何确定污染物污染值的范围并跟踪污染源；如何在众多供水管网突发情况的预案库中调出最优应急预案解决问题；如何解决供水管网在设计建造或改建过程中设计的合理性与规范性等。

上述问题的探究，需要对供水公司现有的海量数据进行有效分析，同时检查是否存在关键数据遗漏。借助计算机数据分析方法对数据进行分析，构建数据模型（或其他模型）进行模型训练调优，给出最佳运行优化管理策略或解决方案。

6.2.1 水力模型

供水管网的建设与城镇化的发展并不是同步的，所以在早期供水管网建设时没有充分统筹规划，对供水系统的优化设计及供水管网的科学规划不足，导致供水管网存在设计规划上的不合理，供水管网的水压分布不均匀，管网漏损率较高等问题。在"水十条"与《城镇供水管网漏损控制及评定标准》（CJJ 92—2016）颁布实施后，压力损失检测和治理是供水行业面临的巨大问题与挑战。

对城市供水管网进行系统的研究，构建供水管网的水力学模型，进而在搭建的模型上对供水管网的运行状态进行模拟，导入供水信息后对供水管网中存在的管网漏损或压力损失等问题进行查找和原因分析。借助供水管网的水力学模型,根据供水管网的供水信息与管网信息给出供水管网改造方案,优化城市管网水压的布局,对城市的供水行业发展具有重要意义。

6.2.1.1 国内外水力模型的发展现状

国内外水力模型的发展现状

6.2.1.2 水力模型计算方程和模型方程

水力模型计算方程和模型方程

6.2.1.3 构建管网水力模型的基本步骤

构建管网水力模型的基本步骤

6.2.1.4 管网水力模型的用途

管网水力模型的用途

6.2.2 BP神经网络

BP神经网络

6.3 供水管网智能运维技术

6.3.1 优化调度

城镇自来水厂的最基本功能就是通过供水管网为城镇居民提供水质达标的生产生活用

水。然而，随着使用时间的延长，多地的供水管网均出现了输水管道因锈蚀而发生漏水及供水被二次污染等情况。另外，供水调度部门采用与当前实际情况不相适应的过往经验来进行城镇供水调度，也造成了水资源的严重浪费，巨大的产销差为供水企业带来了较为惨重的经济损失。目前，有两种办法可以解决这个问题：首先可以对供水管网进行大范围、大面积的设计与更换，但这种方式费时费力，同时还对居民的正常生活带来了不便；其次，在充分保障城镇居民正常用水的基础上，需要对现有的城镇供水系统进行优化，通过合理的调配供水来降低漏损及实现水资源的高效利用，这种方式能有效地缓解城镇供水紧张的局面。

城镇供水系统的优化是建立在满足城镇居民正常生产生活的基础上，通过城镇供水管网压力模型对管网各监测站点水压进行实时监测，并将供水管网的水压作为指标建立优化供水调度的函数，从而对供水厂出水的压力及流量进行优化，最终目标是实现在最低功耗下满足居民的用水需求。

为了弥补依赖人工经验进行供水调度的缺陷，可以设计一套城市供水优化调度系统，将智能算法融入城镇供水系统的数据分析与控制管理中，从而有效降低自来水厂对能源物资的消耗，同时对提升供水企业的生产效率有重要意义。

为建立城市供水优化调度系统，应对目前供水公司的水资源现状进行深入的调查与分析，并因地制宜地建立与当地供水现状适应的城镇供水优化调度模型，以合理的优化调度方案来调度水务企业生产的水资源，最终达到满足用户用水需求，节约水资源。在构建调度系统的过程中，探究神经网络算法和粒子群算法（PSO）等智能算法的相关应用场景，并将智能算法与供水优化调度问题相结合，逐步探索智能算法在城市供水系统方面的适用性，为未来城市供水优化调度的应用提供相关数据与理论指导。最后，在充分考虑当地城市居民的用水量、用水模式等特点后，因地制宜地构建适用于当地需求的供水优化调度系统，从而实现对当地居民用的水量预测、管网模型分析及优化供水调度。

图 6-4 提供了一种典型的供水优化调度模型，通过建立用水量预测模型、管网模型分析和供水优化调度，实现自来水厂供水系统规范化、科学化[48]。

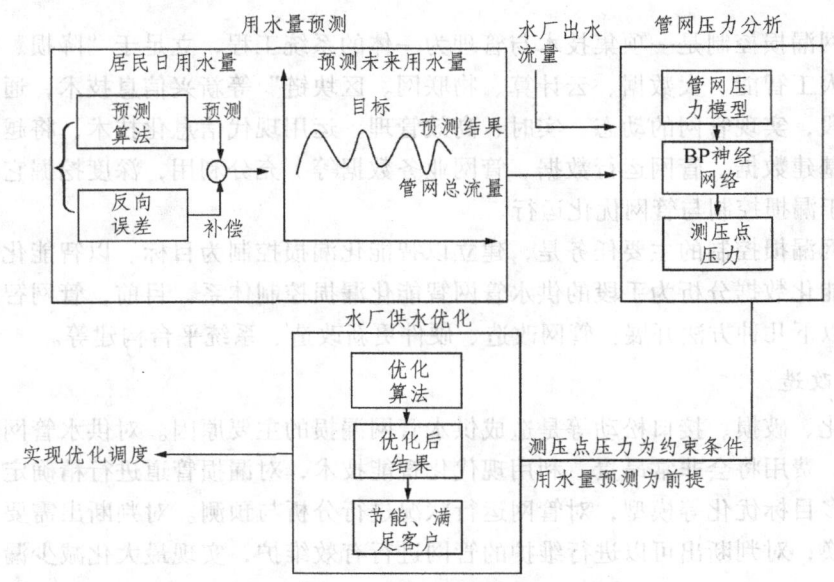

图 6-4　供水优化调度模型

6.3.2 漏损控制

漏损即供水管网在自来水运输至用户的过程中发生的漏失现象。这不仅导致了居民用水量的短缺，也造成了严重的经济损失和水资源浪费。漏损现象的产生，可能是因为管网老化、接口松动、温度或压力的变化等造成的。目前，供水管网检漏技术主要有声学检漏法、红外探测法、区域流量表计法、雷达探测法等。

最新的《城镇供水管网漏损控制及评定标准》（CJJ 92—2016）于2016年颁布。标准规定到2020年，全国供水管网漏损率要基本达到一级标准，即低于10%的漏损率。而我国在2017年的全国综合漏损率如图6-5所示，为14.57%[49]，某些省份距离达到一级标准还有很大的差距，这使得供水企业面临着巨大的漏损控制压力，通过智慧水务解决漏损问题迫在眉睫。

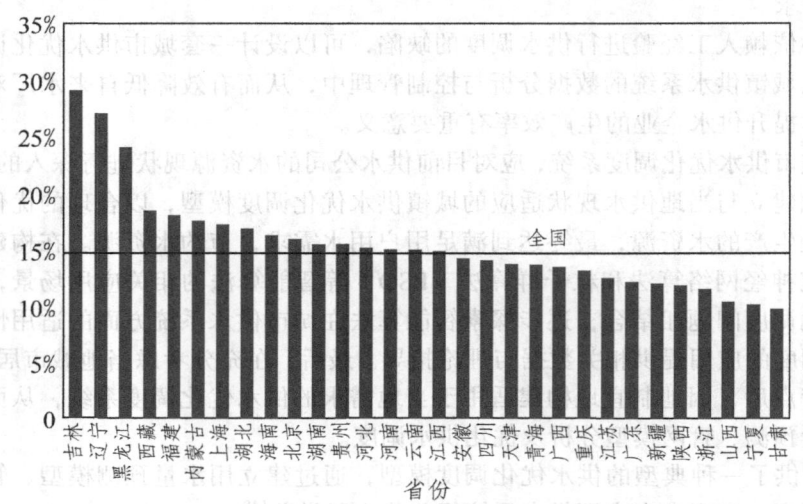

图6-5　2017年全国综合漏损率

供水管网漏损控制是一项集技术与管理为一体的系统工程，立足于"降损、控漏"的目标，利用"人工智能、大数据、云计算、物联网、区块链"等新兴信息技术，通过科学、智能的管理手段，实现管网的动态、实时、高效管理。运用现代信息化技术，将越来越多的数据（如管网基建数据、管网运行数据、管网业务数据等）充分利用，深度挖掘它们涵盖的信息，将其用于漏损控制与管网优化运行。

供水管网漏损控制的主要任务是，建立以智能化漏损控制为目标、以智能化设备监测为基础、以智能化数据分析为手段的供水管网智能化漏损控制体系。目前，管网智能化漏损控制主要通过以下几种方法开展：管网改造、硬件更新改造、系统平台构建等。

1. 管网改造

管网老化、破损、接口松动等是造成供水管网漏损的主要原因。对供水管网进行大面积更换或维护，费用将会非常昂贵。利用现代化智能技术，对漏损管道进行精确定位，通过物理、统计、多目标优化等模型，对管网运行状况进行分析与预测。对判断出需要更换的管网进行及时更换，对判断出可以进行维护的管网进行有效维护，实现最大化减少漏损，使成本最小化。

2. 硬件更新改造

（1）更新、改造管网各类监测设备，优化管网漏损监测的实效性、可靠性、准确性等。

（2）更新、改造管网各类定位设备，将基于光纤传感的、5G传感的漏损定位设备与技术运用于供水管网。

3. 系统平台构建

研发供水管网系统综合管理平台，运用管网模型、"3S"技术、SCADA系统、DMA分区等方法，建立以降低产销差为目的，以漏损监控、精确定位、优化维护为手段的智能漏损管理系统。

6.3.3 二次供水安全保障

我国正在城镇化的道路上快速迈进，城市规模不断扩大，尤其是为了提高土地利用率而修建了大量高层建筑。供水企业只有采用二次供水甚至多次供水才能满足高层用户的用水需求，二次供水已经成了解决城市供水难题必不可少的手段。然而，我国城市的二次供水正面临重重困境：首先是二次供水设施越发不能满足城镇居民的正常用水需求，在用水高峰期高层用户水量较小且水压下降严重；其次，部分正处于运行阶段的二次供水设施，其技术水平已经远远落后于国内平均水平，管理难度大且能耗高，与我国正在蓬勃发展的智慧水务的理念相悖。鉴于二次供水的困境，智能二次供水系统的理念被提出。智能二次供水系统是一套从泵房基础设施到远程调度中心的全盘解决方案，是以PLC为控制中心，以变频器为调速执行单元，并且包含水质检测、视频监控、网络实时传输、异常预警等功能的安全、恒压供水系统，可有效解决早晚高峰期间用水的稳定性与可靠性问题。该系统主要包括：优质的泵房运行设备，切实保障设备的最高免维修率；全面的水质检测，确保供水安全；先进的智能化控制器，真正实现无人值守泵房的目标；完善的保护和报警设备，力求防患于未然；无缝的对接平台，实现远程调度监控；丰富的多端数据接口，方便互联网移动办公；海量的数据记录，便于分析查询管理优化[50]。

6.3.3.1 智能泵房

建立智能二次供水系统的根本目的是满足用户水质、水量、水压等用水需求，防止供水被二次污染，保障供水水量水压，同时实现供水的节能高效。智能二次供水系统的核心部分是智能泵房。水质安全方面，二次供水的智能泵房装设了水质监测各类自动化仪表，实时监测现场水质参数和变化，数据及时传回控制中心平台，完成数据记录和综合分析。水量水压保障方面，当前比较先进的智能泵房采用变频调速恒压水泵作为泵房的加压设备，加上与变频水泵配套的水箱共同组成智能泵房的硬件设施，采用合适的气压自动补偿设备系统作为智能泵房的控制模块。智能泵房采用一控一变频调速的方式来调节变频加压泵，充分保障水泵的安全运行冗余度，可以确保长时间水泵能安全、稳定的运行，同时确保变频加压泵在水量变化较剧烈时仍然具有充足的调节能力。与变频加压泵配套的水箱，在保留传统浮球阀的基础上，增设电动阀和超声波液位传感器等自动化设备，实现对水箱水位的全方位灵活控制。

6.3.3.2 智能控制

二次供水的智能控制是指在传统二次供水系统的工艺基础上进行优化处理，达到水质达标、安全运行和高效节能的目标，并且完善用户在视觉、感官、远程控制和安全运行方面上体验感。智能控制优化工艺一般包括[51]：

（1）智能过压保护装置。在二次供水系统正常运行情况下，智能过压保护装置会接收到来自水管压力传感器获得的水压值，如果压力值超过设定的阈值，则会自动降低或停止水泵转速来使水量供应减少，进而控制输水管网压力。如果因管网压力持续过大或变压频率过快而出现压力传感器失灵的情况，则由现场电接点压力表进行超压信号传输，智能过压保护装置同样具有相应的保护动作，相应的压力警示灯就会变色，方便检修人员对故障进行处理。

（2）智能水箱水位全自动控制。在智能水箱中使用高、低水位检测器来控制是否开或关补水阀门。同时，在水箱内还设有超声波液位传感器和自动水箱阀门，通过比较实际水位与预设水位的差距，控制进水箱电动阀的开关状态，实现水箱水位的智能控制，防止水箱内水龄过长引起的污染。

（3）智能过载预警设备。智能过载预警设备一般应用在变频恒压供水系统中，主要对系统发生短路、过载、过热和过压等情况时起到保护作用。此外，当供水系统中有设备发生故障时，预警设备也会发出报警信号，闪烁响应指示灯，以便能及时提醒管理人员。

6.3.3.3 二次供水远程监控

为提高二次供水运行管理水平，需要建立二次供水远程监控平台，加强二次供水深度管理，保障用户的供水安全。远程监控平台采用物联网技术，加入网页发布和手机端APP浏览，实现了对辖区内水泵房设备的全面监控，包括现场设备的运行情况、压力变化情况、水质检测参数、故障报警情况、操作事件记录、历史数据记录及移动办公等，从而有效提高了泵房统一管理效率，缩短了运维响应时间，满足水务系统远程控制管理的需要。

6.3.4 运维管理可视化技术

基于传统模型的水务系统，往往以模型为核心，仅仅关注水力求解所需的数据，不仅维度单一，而且无法叠加 GIS、BIM、SCADA、CIS、地图服务等多维数据，造成模型与其他系统平台孤立，数据无法交互，因而传统的水务系统无法实现真正的可视化。

可视化技术是指，将庞大的数据量通过处理实现图形化、文本化、图表化等以便简单、便捷地了解数据所蕴含信息的方法。目前，比较常用的可视化技术有 BIM 技术、Highcharts、Charts、D3 等。其中，BIM 技术因其具有可以通过参数化建模，建模数据除了包括建筑的几何信息以外还能携带建筑对象的材料、使用年限、建造成本等信息，近年来成为供水管网领域研究与应用的热点。

6.3.4.1 BIM 技术特点

BIM（Building Information Modeling）就是一种建筑信息模型，可以实现对建筑对象的特性与功能等进行数字描述与管理。最初，BIM 技术仅仅应用于建筑建设的设计、预算等环节，直至发展到项目的维护，对项目建设的设计、实施及运维管理提供了全生命周期的可靠支撑，是建筑行业未来发展的重要方向[52]。

利用 BIM 技术可以实现数据、程序的直观化、具象化与系统化，可以把工程基本信息、工序与相关的外围数据等形成参数化模型。将其运用于供水管网领域，可以提高供水管网设计、建设与维护的科学性和有效性，简化管网管理步骤，提升管网管理有效性[53]。

以前的供水管网设计主要采用 CAD 等画图软件制图，工作量庞大且烦琐，由于数据量庞大还易造成信息失真、传递效率低下等问题。而 BIM 技术将现代信息技术与工程设计领域相结合，运用二维视图、三维视图、明细表等 BIM 技术特有的功能，提高供水工程展示的直观性，有利于管网设计人员进行参数设计与修改，有利于运维人员进行信息扩展与修订。通过参数的及时更新实现对供水管网建设、运维的可视化管理，解决供水管网设计时可能存在的缺陷，提高管网运维管理的效率。

由于我国许多地区在供水管网建设时，存在重建设而轻管理的现象，造成管网运维成本普遍偏高、故障排查困难等问题，使得供水管网的运行维护工作复杂而艰巨。建设基于 BIM 技术的城镇供水管网系统运维管理平台，运用 BIM 三维可视化技术探索具有普遍适用性的城镇供水管网系统运维体系，可实现有效监督与管理供水管网全周期的运行情况。与传统运维模式相比，基于 BIM 技术运用下的供水管理有隐藏工程可看、图纸数字化、三维展示、信息可更新等优势，传统供水管理与机遇 BIM 技术的供水管理对比如图 6-6 所示。

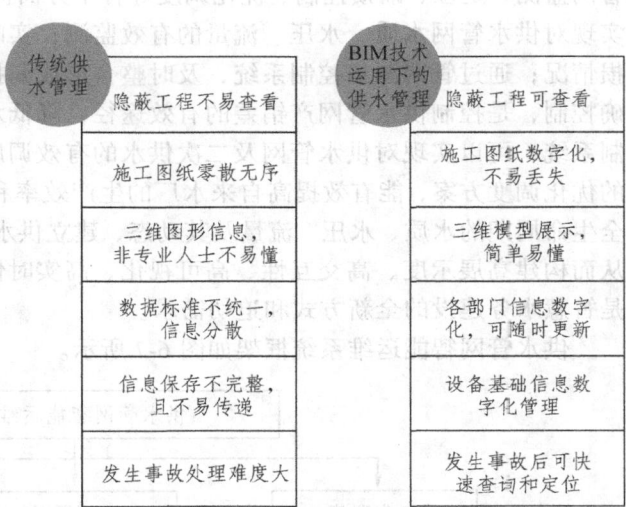

图 6-6 传统供水管理与机遇 BIM 技术的供水管理对比

6.3.4.2 BIM 技术在供水管网中的应用

（1）用于管网工程设计建模。

BIM 技术可用于管网工程建模，在管道设计时对管道的铺设情况通过建模分析，更易避开废水管、供水管等管道，从而使得供水管网的布局更加全面。运用 BIM 技术还能详细标注管网管道的位置与重点位置，从而合理布局水泵和阀门，并根据生成的三维图对适当位置添加三通和弯头等，对重点位置进行更加详细的绘图显示，进而提高各模块设计的融合度。运用 BIM 技术还能检测管道铺设中是否存在冲突，从而能够及时更正管道设计，使供水管网系统的设计更加专业、全面。

（2）用于管道建设施工。

BIM 技术能够生成工程立面、平面、剖面图，在供水管网建设施工阶段，能满足管网工程工作人员对工程内部结构的清晰认识，更有效地满足管网工程的建设施工。同时，应用 BIM 的三维可视化功能能够更直观地查看管网管道的整体铺设情况，便于更加细致地查看模型图，更易检测出碰撞情况，从而减少供水管网系统中的碰撞，优化整个供水管网系统的安全性。

（3）用于管网可视化运维。

可视化特点是 BIM 技术在供水管网中的重要应用。通过可视化可解决供水管网系统中存在的问题，减少由于数据不真实而引起的麻烦，保证供水管网设计的系统性，从而优化系统、提高效率。BIM 技术使用可视化的设计方式，把供水管网系统的运行过程和结果通过三维立体模型展现出来，还能将系统设计过程中的调整变化非常直观地展示出来，这对模型优化可起到重要作用。

6.4 供水管网智能运维典型设计方案

建立基于"防污、降损、控漏、优化调度"为核心的供水管网智能运维系统，是实现对管网监测、定位、漏损控制、优化调度等各个方面优化管理的有效手段。通过管网监测系统，实现对供水管网水质、水压、流量的有效监测，实时反映管网内水质情况，实时监控管网漏损情况；通过管网漏损控制系统，及时整合形成漏损的有效信息，快速反映并对漏损做出精确控制，是控制供水管网产销差的有效途径，降低水资源浪费与经济损失。通过优化调度控制系统，可以实现对供水管网及二次供水的有效调度与管理，建立优化调度模型，制定合理的优化调度方案，能有效提高自来水厂的生产效率和节约水资源。围绕供水管网系统全流程、全生命周期的水质、水压、流量及其动态，建立供水管网智能运维系统及其大数据运行环境，从而构建高展示度、高交互性、高可视化、高实时性的综合一体化、数据可视化展示平台，是智慧水务建设的全新方式和迫切需求。

供水管网智能运维系统框架如图 6-7 所示。

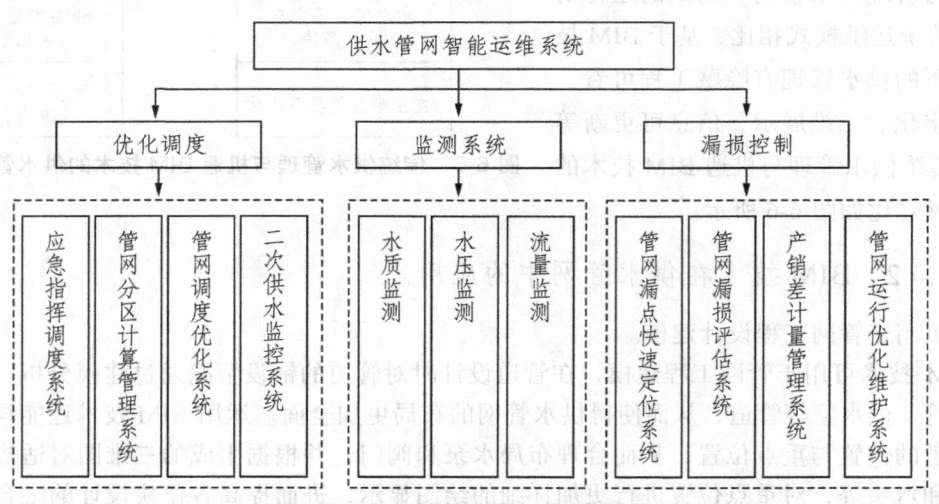

图 6-7 供水管网智能运维系统框架

6.4.1 监测系统

根据 ZigBee 结构建立供水管网监测点，通过远程监控平台对监测点进行管理，形成智能化的监测网络。在每个 ZigBee 监测网络中，采集节点由水质、水压和流量传感器、摄像头等设备组成数据采集设备，采集到的数据通过无线传感技术传输至物联网端。ZigBee 网络拓扑结构如图 6-8 所示。

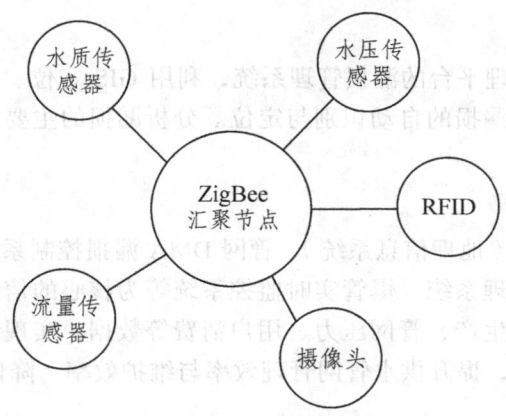

图 6-8 ZigBee 网络拓扑结构

供水管网监测系统的主要功能有：

1. 数据采集

运用成熟、智能的监测仪表、传感器、摄像头、射频识别技术（RFID）等感知设备实现对供水管网水质、水压、流量的实时监测与数据采集。监测仪表与传感器主要监测供水管网的水质、水压与流量数据；摄像头可以实时传输现场画面，方便工作人员查看现场情况；通过 RFID 可以获取管网位置信息，实现对事故现场实时定位。

2. 数据传输

将采集到的数据通过 GPRS、5G 技术等无线传感网络，快速传输到数据存储与处理终端。

3. 数据存储与处理

运用功能强大的云计算平台实现对大量数据的及时处理与分析。构建分布式物联感知终端数据平台，适应地区多中心、多水源、多级叠压、水质影响因素复杂等特点，对不同分区智能设备采集的数据进行挖掘和钻取，结合测点的绝对标高及管网 GIS 数据等进行数据分析，通过智慧算法，实现对水系统中的压力、水质、用水量等方面的突发情况进行有效识别，在分区内对海量数据进行智能分析加工，支撑水系统应用平台相关功能的实现。

4. 数据展示

将处理后的数据通过图形、文本或报表等形式展现，可以方便工作人员直观地了解管网信息与运行情况。

6.4.2 漏损控制

建立基于信息传感器、RFID、红外感应器等智能感知信息设备的物联网技术，通过有效的水压监测，利用大数据处理等技术，深度挖掘管网信息，用于辅助管网漏损控制，合理调控管网压力，实现供水管网的优化运行。

1. 智能终端升级改造

通过安装远传表、压力计、智能减压阀设备等具备海量数据采集能力的管网系统信物融合感知终端装备，可为供水管网漏损管理带来丰富的潜在数据资源，进而为供水管网智慧化提供数据基础。

2. 漏损管理系统

建设基于分区计量管理平台的漏损管理系统，利用 GIS 定位、压力、流量等数据，建立大数据分析模型，实现对漏损的自动识别与定位。分析漏损的主要原因，为漏损控制决策提供科学的依据。

3. 系统平台建设

建立以供水管网 GIS（地理信息系统）、管网 DMA 漏损控制系统、压力控制系统、漏损评估系统、产销差计量管理系统、爆管实时监控系统等为核心的信息管理平台，科学、全面地整合与分析自来水厂的生产、管网压力、用户消费等数据，实现动态数据的可视化应用，实现对管网的精细化管理，提升供水管网管理效率与维护效率，降低运营成本。

6.4.3 优化调度

实时、准确的监测是漏损控制的前提，而智能优化调度是控制漏损的核心。若合理优化调度，能有效防止漏损事件的发生；一旦发生漏损事件，积极有效的调度可以最大限度地减少漏损。根据现有的管网布局，建立管网模型，实现对管网动态运行情况的模拟，有利于供水管网的管理与控制。

构建整合物联网感知、GIS 等的多维度大数据综合性调度平台。利用 GIS 数据作为管网模型的数据源，采用管网"全网"模型作为管网全网动态模型，要求模型能够实现在线模拟，对多目标（压力、流量、水厂生产、用户消费等）进行多目标求解，寻求调度最优组合。

7 用户端智能服务解决方案

我国人均淡水资源匮乏，地表水、地下水污染严重，且因为管网老化、接口松动等原因，每年平均漏损率约20%，致使我国用水形势极其严峻。因此，通过用水量控制、精确计量、产销差控制等方式，创建节水型社会是我国必须选择的道路。立足于水资源保护战略，以计量、监测、控制为一体的水计量技术必须向智能化、系统化方向发展，为实现水资源总量控制提供技术保障。

供水企业还应进一步加强向服务型企业转变。强调"以客户为中心"的价值理念，在保障供水安全的同时，建立智能化客户服务中心，按照客户的需求提供相应的客户服务，达到客户满意、企业持续发展的目的。

随着服务模式的不断转变与创新，用户对供水服务的要求也是在不断提高，比如在对故障抢修、及时缴费、问题咨询、用水预警等方面，都要求供水企业提供更高效、更便捷的服务方式与体系。因此，建立用户端智能化服务系统，完善客户服务建设是供水企业进一步发展必不可少的环节。

7.1 智能监测预警服务

7.1.1 智能监测服务

7.1.1.1 智能水表

传统水表作为一种日常用水量的计量器具，在水资源及供水管理等方面有着非常重要的作用。长期以来，我国城镇居民普遍使用的水表是一种计量稳定、结构简单、价格低廉的普通机械旋翼湿式水表。但随着社会的发展，面对不断增长的人口与高层建筑，城市供水及用水管理面临着前所未有的压力。一方面要改造或扩建供水管网，投入大量的基础建设资金；另一方面，又要增加抄表、收费及其他的管理人员，使城市的供水及管理任务日渐繁重，用水欠费严重也成为自来水行业发展的限制因素。

智慧水务建设的目标是将水务系统由原来的粗放型管理向精细化管理推进，运用新兴技术手段改变供水管理模式，提高管理和服务水平。因此，为推进智慧水务建设，缓解供水及用水管理压力，近年来一种以微电子技术、计算机信息技术、传感技术等为基础的新型水表产品"智能水表"得到迅猛发展。

智能水表是一种以准确可靠的传感技术和信号处理模块、嵌入式的计算机系统、各类输入/输出接口及电控执行器等为基础，具有或部分具有流量参数检测、数据传输、数据处理（如滤波、统计、存储、运算、自校等）、数据通信、数据显示、电控阀受控启闭及网络接入等功能的全新电子水表产品[54]。

目前，我国已经投入使用的智能水表主要有以下几种：IC卡水表、电子远传水表、阀控水表、数控定量水表、具有数据远传功能的射流水表、超声水表、电磁水表等。智能水表的结构主要包括以下四个部分：一是配合控制器读取信息的线圈；二是计量水量且将信息传送到控制器中的基表；三是保证水表正常开关阀的执行器；四是记录居民的用水量，控制阀门正常开关的控制器，并且把用户用水量等信息呈现在控制器上的液晶显示器上[55]。

根据水表产品标准的分类要求，智能水表可以分为带电子装置的机械水表和电子水表两大类[54]。带电子装置的机械水表就是在传统机械水表的基础上，通过增加嵌入式电子装置、机电转换装置、电控阀等硬件，使机械水表可以实现数据的远传与交换、定量的用水、预付充值、自动抄表的功能，使其具备一些附加功能，这就是"智慧水表 1.0"。这类水表能解决人工抄表、提前缴费等问题，各类"智慧水表 1.0"的品种及其功能如下[56]：① 电子远传水表，通过总线、无线信道完成数据远；② IC 卡水表，通过数据及媒介，完成缴费充值；③ 数控定量水表，设定用水量、用水时间，定时自动停水；④ 网络阀控水表，接入网络，避免异常、欠费的情况。

"智能水表 1.0"时代，不仅计量性能没有得到显著提高，网络接入不便、寿命较短等问题也没有得到解决，其功能也主要停留在自动抄表和预付费阶段。随着智慧供水和智慧水务技术的发展及管网测控自动化、信息化、智能化等技术的提高，智慧水表技术发生了突破性的变革，我国水表也进入了"智能水表 2.0"时代。"智能水表 2.0"时代以电子水表为主，其计量机构通常采用无机械运动装置，水表流量传感器主要采用无机械运动部件的超声、电磁、射流等流量传感器。电子水表的功能主要有[56]：① 同时具有近距、短距和远距离的无线通信能力，能够实现数据的双向通信，从而解决无线通信、网络接入的问题；② 在供电方面，不受环境因素的影响，自带电控阀受控启闭，能够外源供电；③ 能够完成在线定期检查、校正，电源容量检测及故障预测、报警；④ 加强了安全认证、加密机制，保证其安全性；⑤ 融入了管网测控系统，不仅能够完成传统的计量任务，还能完成一系列智能化工作，如在线监控，供水自动化、信息化等。

7.1.1.2 远程抄表

虽然我国已经开始大力推行智能水表更新换代，但是老旧小区的水表改造、更新数量庞大、成本很高，工作难度巨大，一时很难完成全面更换工作。因此，一种在保留原有水表的基础上利用 ZigBee 无线传感器或 GPRS 网络传感的远程抄表技术得到广泛研究与应用。

随着我国无线通信（5G 技术的成功研发）或光纤通信技术的迅猛发展，为远程抄表技术提供了可靠的技术保障。远程抄表是由水量采集设备与相关软件系统组合而成，即可以通过在水表盖上安装相应的数据、图像采集模块，通过 TCP/IP 协议，利用无线传感网络或光纤通信与服务器连接实现数据传输，不仅能降低人工成本、增加管理效率，还能提高数据的传输效率。

7.1.2 智能预警服务

通过智慧水表的监测服务，供水企业还可以为用户提供智能预警服务：如通过实时监测用户用水量，分析用户的用水模式，发现异常行为（如室内爆管导致的水表高速运转、水表超长时间运转）等情景进行识别，向用户、物管中心等发送预警信息，并支持用户反馈控制，从而及时发现和解决异常情况，避免用户财产损失与水资源的浪费。根据供水公司的服务动态，当有异常事件或供水管道维护等会出现断水情况时，可通过微信公众号或供水企业缴费APP及时向用户发送断水及储水提醒。

7.2 智能客户服务

客户服务是指水务企业在自来水的销售过程中为客户提供的各种措施，如报装、查表、故障报修、服务热线等。以往，客户通过电话渠道完成咨询、报修，不仅消耗了大量人力资源，办事效率低下，往往还不能达到客户的要求，且占据了较大的生产成本。以前，大多数水务企业缺乏优质服务理念和健全的客户服务体系，在市场经济的竞争压力下，这将成为水务企业发展的最大隐患。在提供安全、可靠的水资源的前提下，着重提升自身服务意识，加强管理，这是水务企业稳定发展的前提与目标。

目前，大多数水务企业的查表系统、热线系统、报装管理系统都已建立，但由于每个子系统的建立都是在某个时期基于满足各自业务需求为前提，少有统一的规划和布局，还因建立时间、资金等各方面原因，客户服务系统能与生产、财务等其他领域贯通的并不多见，其主要问题反映在以下几个方面：

（1）全面管理不足：缺乏统一的管理平台，实现客户服务信息的全面管理。

（2）数据贯通性不足：客户服务数据未能与生产、调度等生产系统的共享与利用。

（3）客户信息渠道来源少：由于资金和技术上的投入较少，目前大多处于采用电话收集信息的方式，还未能提供全面的电子通信渠道。

（4）缺乏完整的机制和管理流程：热线系统和查表系统能读取相关数据，但缺乏流程监管功能，客户的各类业务处理在各自应用系统中处理。

（5）信息孤岛：由于系统的建设缺乏整体规划和设计，基本是以满足或适应某方面专业业务需求为目的，不同业务之间数据无法共享，造成信息孤岛严重。

随着经济的发展和水务市场的改革，水务企业的服务模式与客户之间的关系发生了显著的变化，见表7-1。

表7-1 客户服务的变化

模式	过去	现在	未来
服务模式	1. 本人需亲自到营业厅办理业务； 2. 通过客服专线进行故障报修及相关咨询	1. 开通网络通道，足不出户，即可充值缴费； 2. 开通微信公众号实现网上咨询等业务	1. 与大数据、互联网相结合； 2. 开通智能服务模式，建设智慧网络，打造一流产品
客户关系	被动式的客户服务管理机制	建立提升满意度的相关工作机制，以达客户满意的目的	全面升级管理机制，改变客户关系，建立一流服务

在人工智能技术不断发展的过程中，随着业务的多元化发展，供水企业的客户服务系统也需要采取相应的技术进行服务的优化升级改造，为节约人力资源、降低人工成本提供支持，并实现对客户需求的快速反应。通过线上服务，实现数据共享、平台运营、业务引流等综合服务，更好地满足客户需求。通过转变服务理念、强化服务平台运营能力、深度挖掘数据价值、创新服务模式，为智慧水务业务提供坚强支撑。

7.2.1 客户服务中心智能化

过去，供水企业的客户服务中心主要以呼叫中心为主，通过电话接入的方式，利用通信网络及计算机网络等功能，形成与供水企业为一体的信息服务系统，可以实现与用户沟通、快速处理、统一受理等服务，是供水企业与用户沟通联系的主要方式[57]。

传统的客户服务中心，其服务模式主要依赖于人工服务。不仅增加了客户等待时间，降低了客户体验感、满意度，再加上客服人员流动频繁，部分没有经过上岗培训，工作经验少，知识储备不足，造成不能及时解决客户的需求等问题。因此，智能化客户服务中心是在符合社会发展需要的前提下诞生的。

智能化客户服务中心是融合了计算机技术、人工智能技术、物联网技术、语音集成与识别技术等的一个综合信息系统。传统的客户服务中心正朝着智能化、信息化、自动化方向发展，通过智能客户服务中心，能将客户问题及时转换为文字、图片等方式储存，并通过数据库调用完成问题回答等，达到实时反馈用户问题的目的。

7.2.2 在线服务平台

在"互联网+"时代下，供水企业不再仅限于传统的话务、短信、营业厅服务等方式与用户进行联系，还可以通过开通微信公众号、创建企业APP等方式让客户有了更多的服务渠道的选择。微信公众号的推广应用为企业对客户的服务提供了一种全新的服务平台。供水企业通过对用户手机的主动关注，实现了对客户业务的支持与管理。企业可以通过建立企业订阅号，实现移动端随时信息发布与咨询服务；客户可以通过公众号，实现包括缴费、申报维修、微信查表等实时在线业务服务。通过在线服务平台，使用户可以及时、主动获取个性化定制服务，最大限度地改变了以前服务模式的统一化和被动性。

7.2.3 智能营业厅

供水营业厅是供水企业的服务窗口，营业厅的服务效率直接影响人们对供水企业的看法。良好的服务体系，可以形成更好的用户口碑与企业形象，还能加强客户与供水企业的紧密联系，降低工作开展难度，提高工作效率。

传统的供水营业厅服务，需要客户取号排队，咨询、办理相关业务。这种方式不仅增加了客户的等待时间，并且让客户的服务体验较差，造成工作效率低。随着我国经济的飞速发展，国民的消费水平逐渐提高，以人工为主的传统营业厅的服务模式已经不能满足客户的消费需求、服务需求。近年来，随着移动互联网技术的发展、人工智能技术的突破、人脸识别和语音识别技术的成功应用，使得这些智能化技术在供水营业的成功使用成为可能。

通过大数据分析、移动互联网、智能洞察等先进技术，将营业厅的工作人员、设备与机具相结合，构建一个完整的、构架统一的、客户体验优先的智慧营业厅系统。该智慧系统包含智能填单、微信预约服务、精准营销、综合管理几大模块，实现了精准营销、客户识别等功能。从客户进入营业厅开始，客户刷身份证、银行卡或输入预约手机号（未来也可以将人脸识别技术运用到智慧营业厅），系统即可识别客户身份，通过调取数据库里预先登记的信息（客户身份、预约相关信息），根据客户需求分配到不同的服务区，由智能机器人进行接待，简单的业务由机器人办理，相对复杂的业务则由机器人通知营业厅专业人员进行办理。

智慧营业厅平台结合大数据、人工智能技术，不仅实现客户的数据互联互通，还能科学对客户的行为习惯进行分析，全方位为客户协助与指导。利用统一接口，多类型、多设备接入，实现工作人员权限管理维护、产品推广等业务的参数化配置。

7.3 用户端智能服务系统典型设计方案

随着人们生活水平的不断提高与供水企业市场化进程的不断推进，社会公众对用水、用电等公共事业机构的服务越来越关注与严格。提高客户服务是供水企业未来发展关注的重点。近年来，供水企业为了提高自身的服务质量，大力借助现代化的信息技术与先进的企业管理方法建立智能化客户服务系统。供水企业客户服务系统必须大力推进以物联网、5G 技术、人工智能等为基础的客户服务方式，开发建设人工智能服务体系与客户服务中心平台。

基于互联网、人工智能、大数据和客户服务的融合，建设智能服务体系，可以支持大量数据进行准确检索、高效处理、便捷输送，实现对客服服务的智能化管理，是满足呼叫中心智能服务、微信服务、APP 等多渠道、多方式的服务需求。同时，通过开创智能服务与人工服务相结合的全新模式，是实现供水企业智能化、人性化、特性化、人性化的服务的有效方式，增强客户体验，提高客户满意度，还能进一步提升企业形象与品牌价值。

供水企业用户端智能服务系统框架如图 7-1 所示。

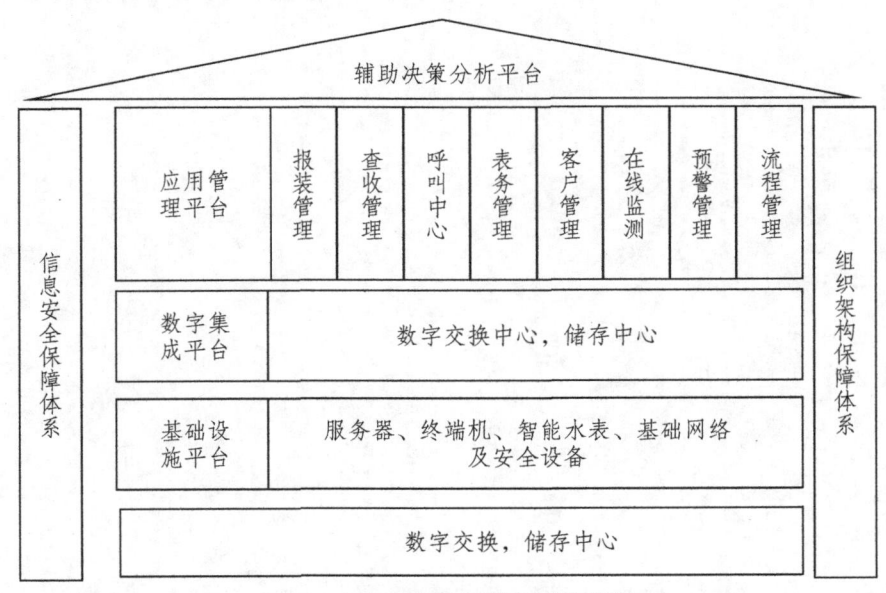

图 7-1 用户端智能服务系统框架

智能服务系统的功能有：

（1）智能服务。

实时监测客户用水数据，通过管理和及时的反馈，利用词库、建模、解析等方式实现信息的处理、推送，达到智能化、高效化，让用户准确获取所需信息。

（2）挖掘隐形信息。

利用历史数据进行数据分析、数据挖掘，根据历史数据实现客户对水需求的了解，全面提升企业的应急能力。

（3）海量数据高效处理。

通过分布式引擎技术与存储技术设计，提高系统的灵活性与可扩展性，增强数据库检索、请求能力。提供良好的提高动态延展性能力，满足企业业务新拓展的需求实现企业业务扩展的需求。

（4）信息客户化和人性化。

以客户的角度，结合自然语言处理、人机交互技术，在公众号、APP 上提供有用的信息；以语义为基础，智能搜索，满足不同客户的不同需求，结合智能引擎，提升对关联信息自动推荐的准确性。

第3篇 智慧污水系统

8 污水水质水量预测解决方案

8.1 污水水质水量预测需求

污水处理厂处理污水的水质和水量会受到气候、人口、季节等因素影响而产生较大波动，而水质水量是污水处理过程分析、优化调控的重要参数。水质水量的波动会对污水处理的系统产生干扰，使系统振荡。波动越大，过程参数越难以控制，处理效果稳定性越差，而污水处理厂为了确保出水达标，不得不保守运行，加大曝气和投药，使得能耗物耗成本增加。如果水质水量波动越小，或波动可预测，则污水处理效果越稳定，过程参数也相对容易控制。因此，提前掌握污水的水质水量波动情况不仅对水污染的控制和管理有重要作用，并且可以对污水处理厂做出预警提示，实现污水处理厂内部各级污水处理工艺的优化运行和统筹规划，更高效、更节能地处理污水。尽管在污水处理系统之前设有均化调节池，可以在调节池内进行中和、平衡水温等方式达到水质水量的均化，但在面对暴雨等突发事件时，调节池的作用并不能很好地解决这些问题。污水处理厂的管理人员和操作人员迫切需要高效实用的工具来预测污水的水质水量，以优化处理过程，提升情景自适应能力，从而降低环境风险，提高处理效率。

预测污水水质水量是对污水处理厂的预警提示，污水处理厂可以根据预测到的污水水质水量信息做好应对工作：在应对水质变化方面，可以根据水质动态变化计算曝气量，调控微生物与污染物、溶解氧的协同作用过程，更好地推动污染物代谢分解；在应对水量变化方面，可以根据具体情况，选择合适的污水处理负荷，强化污水处理过程，加大污水处理厂有效处理量。当预测到下一阶段污水水质情况较差，水量较多时，可以据此建议管理人员提前准备充足药剂，调配合理的劳动力，强化关键部位的监测能力，从而提高污水处理厂的处理效率；当预测到下一阶段污水水质情况较好，水质较少时，可以适当降低能耗和药耗，使得污水处理过程既能满足处理标准和出水标准，也能避免能耗物耗的浪费，提高污水处理效率。

总之，开展污水处理厂接收的处理量、处理水质方面的预测研究，可以辅助污水处理厂优化运行管理决策，统筹污水处理工艺过程，提高污水处理效率。科学的污水水质水量预测，也对环境保护和污水资源化具有重要的意义，不仅有助于解决水资源匮乏的相关问题，同时可以节约水资源、降低企业成本、提高企业经济效益。

8.2 污水水质水量预测技术

预测是指人们利用已有的科学技术和管理手段，对事物未来发展状况进行推测和判断的一种活动，根据预测时间长短的不同，预测可以分为两类：一类是短期预测；一类是中长期预测。对未来的几小时、一天或是几周进行预测是短期预测；对未来一年、几年进行预测的是中长期预测。城市污水是一种混合水，由工业废水、生活污水和城市降水三部分组成。城市污水处理厂的水质水量变化规律，主要表现在两个方面：一方面污水处理厂的进水量随着城市建设发展，呈逐渐增长的趋势；另一方面污水处理厂的进水量呈现以日、周、月和年作为周期的波动特征。同时，污水处理厂的进水量还与天气、经济、人口变化等因素有关，在预测过程中，应综合考虑这些因素的影响。

8.2.1 外围数据库建立

污水处理厂无法提前掌握进水流量及进水水质，一般在总厂的污水进水管道处安装流量计，从而准确测量密封管道中的污水流量。尽管流量计运行可靠，性能较好，使用的寿命较长，但流量计只是起到一个实时监控、测量流量的作用，无法提前预测未来的进水水质水量。经过分析，天气、人口、经济均对污水的水质水量有直接或间接影响，通过建立天气数据库、人口数据库、经济数据库将以上数据库整合形成一个外围数据库。对外围数据库中的内容进行数据分析，预测污水水质水量的具体变化，从而帮助污水处理厂优化各级污水处理单元的管理和规划，为后续工作做下铺垫，针对不同问题提前做出决策。

8.2.1.1 天气方面

天气方面的主要影响因素包括温度、湿度、降雨量。温度对活性污泥内的微生物有重要影响，在低温条件下，会产生大量的丝状菌，使污泥密度减小、絮体疏松，从而导致污泥比阻和沉降指数增大；对于大多数的微生物来说，在温度 25~37 ℃ 时，生长的速度较慢；当温度高于 43 ℃ 时，大部分微生物死亡，处理效果比较差。降雨量对污水总量有直接影响，污水处理厂进水的成分、性质会随降雨量改变。当降雨量增多时，由于雨污分流不彻底（特别是老旧城区）、污水管道渗漏等原因，雨水会混入污水管道，导致污水厂接收水量增加，污染物被稀释，浓度减小。

在对污水的水质水量进行预测之前，首先要掌握周围的天气情况。以重庆市渝北区为例，通过国家气象中心官网，进入数据服务里的地面资料，数据和产品分为中国地面气候资料日值数据集、中国地面累年值日值数据集、中国地面国际交换站气候资料日值数据集的地面数据三种类型。根据污水处理厂已有的数据，查阅中国地面累年值日值数据集，该数据集包含中国 699 个基准、基本气象站，自 1951 年 1 月以来的气压、气温、降水量、蒸发量、相对湿度、风向风速、日照时数和 0 cm 地温要素等日值数据。

8.2.1.2 人口方面

人口数量会直接影响污水排放量和污水水质。用水量的变化直接决定了污水产生量，污水产生总量一般是用水量的 80% 左右（即污水排放系数，一般用 α 表示）。《城市排水工程规划规范》要求，城市污水量宜根据城市综合用水量乘以城市污水排放系数确定，城市综合污水排放系数一般在 0.70~0.90，应结合规划区实际情况及规划污水管网的完善程度具体选取。据 2018 年度《中国水资源公报》，我国城市人口人均用水量为 432 m³；人均污染物产生量决定了污水水质，据污染源污染负荷计算方法及排放系数可查，我国城市人口的人均 COD 产生量为 250 mg/L，人均总氮产生量为 50 mg/L，人均总磷产生量为 8 mg/L，人均氨氮产生量为 30 mg/L。因此，在流动人口数量较大的情形下（如节假日），污水处理厂日处理水量和处理水质将受到显著影响。

以重庆为例，通过重庆统计信息网可查阅渝北区每年户籍人口、常住人口、常住城镇人口数，包括 0~18 岁、18~35 岁、35~60 岁人口数，再通过重庆市渝北区政府官网，统计每年重大节假日接待游客的人数，例如 2019 年国庆假期间，渝北区全区共接待游客 172.45 万人次，旅游收入 29 100 万元，同比分别增长 16.97%和 24.48%。在流动人口不考虑的前提下，根据上一年和今年的常住人口，以内插法估算每天的常住人口，将常住人口作为每天的人口基数，重点关注节假日人口的流动，根据重大节假日人口的大幅度改变，建立相应的人口数据库，可用于预测人口对污水的影响。

8.2.1.3 经济方面

经济发展情况直接反映了区域内的工业发展水平，与工业用水量有着显著关联，因此通过对区域内经济发展情况的分析，可以大致预测工业生产过程用水量情况。此外，经济发展也会显著影响人民生活水平和生活方式，对社会公众的消费水平、饮食结构、用水模式、污染物产生量等都有影响。用水量直接决定了污水产生量，饮食结构基本决定了人均污染物产生量，直接影响排水水质。同时，生活水平和生活方式的改变，也影响了生活垃圾等的产生量，间接影响排水水质。经济发展对污水水质水量的影响主要体现在工业用水量的变化方面，对于社会公众的人均用水量、人均污染物排放量等，在短时间内影响不显著。

以重庆为例，通过重庆统计局信息网，可查阅渝北区每一季度地区生产总值、规模以上工业能源消耗总量、固定资产投资总额、社会消费品零售总额、公共财政预算收入、公共财政预算支出、居民人均可支配收入、常住居民人均可支配收入等一系列经济数据，整理出与污水水质水量相关的数据。通过线性分析得到与污水水质水量关系较大的经济指标，为后续工作做好准备，并建立经济数据库。

8.2.1.4 其他方面

随着我国环境治理工作的深入，环境质量监测的项目、时间要求、空间要求都在不断的提升，随之而来的是监测手段的多样化。卫星遥感、无人机、探空气球、激光雷达等技术都在不断被引入环境质量监测领域，包括用于水体监测。

卫星遥感技术，可以有效地捕获可见光信息，同时也支持不可见光信息探测，获取红外线信息、紫外线信息与微波波段信息等，通过捕获信息成像能够分析肉眼不可见的水体情况，不仅拓宽了观测工作的信息范围，而且受外界因素的干扰较少，可以全天候 24 h 工作，突破了地域局限，能够全方位获取相关资料和信息。利用卫星遥感技术，不仅提高了资料的完整性，同时为基于此改进的新型监测方法、设备提供了技术支撑或技术参考，有利于更好地预测污水的水量水质[58]。通过卫星遥感系统所获得的监测数据信息，综合外围数据的相关信息，将信息输入数据模型可以计算出相关数据信息，为污水的水量水质的预报、监测提供更为可靠的依据。目前卫星遥感已经在径流量预测、蒸发量监测、降雨量监测中得到了应用。这证明合理地应用遥感技术，不仅可以有效开展预测工作，也为水资源的科学规划和持续发展提供了基础。

无人机，可以通过控制系统实现影像的自动拍摄和获取，通过航迹的固定规划实施监控，将采集到的信息、数据进行压缩、自动传输，还可以完成影像的预处理，可以在水域环境的监测方面提供环境信息，为各级环境部门的环境检测提供便利，并可以满足环境应急响应的需求。并且这个系统将传回的传感器、位置信息等数据，进行数据融合，生成立体的三维空间图，直观展示各类信息，便于进行数据分析。

探空气球，主要是把无线电探空仪携带到高空，以便进行压力、温度、风和湿度等气象要素的探测。探空气球有圆形、梨形等不同形状。球的质量为 300~1 500 g（较小的升至一定高度会自爆），充入适量的氢气或氦气，可离地 30~40 km，上升到 30 km 高空后自行爆裂。探空气球在气象学发展和天气预报工作中起到了重要作用。它具有投资少、成本低、见效快、相对载质量大、飞行时间长、携带仪器姿态稳定、观测数据资料精度高、用时短、灵活性大、施放不受地域和气候因素影响等优点。目前，虽然更为先进的工具如气象雷达、气象卫星、探空火箭等被广泛应用，但探空气球仍然是气象研究中不可缺少的工具，常常用作其他探测仪器的标定。

激光雷达，是传统雷达技术与现代激动技术相结合的产物，以激光为光源，通过探测激光与目标物相互作用而产生的辐射信号来遥感目标物[59]，分辨率很高，低空探测性良好，体积小，方向性强，已经在探测气溶胶和云、边界、温度、能见度、风、大气成分、水汽等方面做出研究，应用激光雷达作为一种新兴的主动遥感工具，已经广泛应用到很多领域，捕获信息也是比较准确的。

8.2.2 污水水质水量预测

通过污水厂服务片区内经济、天气、人口等相关数据可对污水水质水量进行预测，若预测的结果超过预设值（根据污水厂处理能力设定），则触发预警操作，提醒污水处理厂提前做出相应的准备工作。下面将从三个方面对污水水质水量的预警进行分析。

1. 天气方面

通过国家天气网可以掌握未来的天气情况（包括温度、湿度、降雨量等），根据天气的相关情况，以及历史天气数据、历史污水处理厂数据的关联性分析，可以对应掌握未来污水处理的水质水量，对污水排入污水处理厂做出预估，对可能产生较重污水处理负荷的地区做出预警提示。例如雨季常常出现的雨天和暴雨天天气，当污水处理系统面对较大入水干扰时，很难保持溶解氧浓度的稳定控制，预测污水水质水量可以提前对紧急情况做出相应措施。因此，将天气纳入污水水质水量的预警范围内是必不可少的。图 8-1 展示了重庆某污水处理厂进水流量与服务区域降雨量的关系，两者相关性显著。

2. 人口方面

人口普查后的人口基数一般不会有太大的变动，所以重点关注流动人口，只针对节假日，如春节、国庆节、劳动节，人口流动较大，通过旅游文化信息中心的数据统计，根据上一年的游客比例，提早预测人口的流动数目。人口流动大，产生的污染物、污水总量大，污水处理厂日处理量也应提高。因此，将人口纳入污水水质水量的预警范围内是必不可少的。

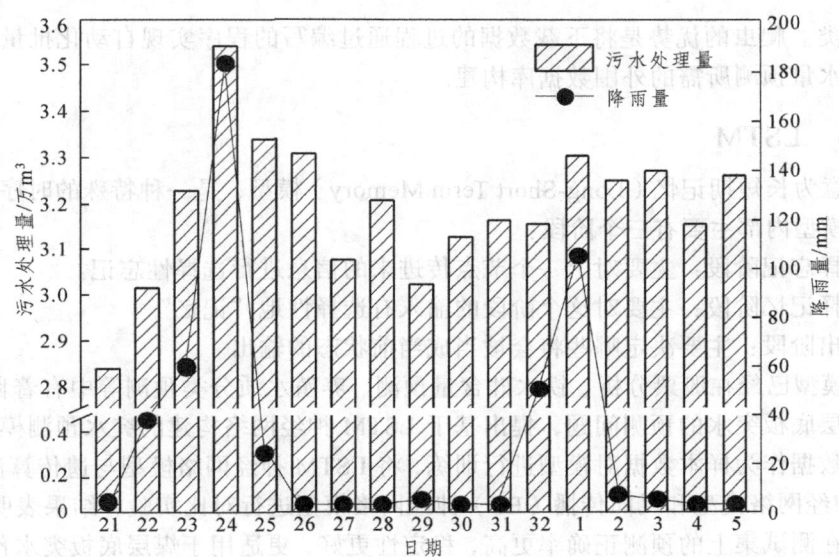

图 8-1 重庆某污水处理厂进水流量与服务区域降雨量的关系

3. 经济方面

经济的快速发展增加了对水的需求,因此导致更多的污水排放,这与污水的水质水量有直接的关系。根据前一季度的地区生产总值、规模以上工业能源消耗总量、固定资产投资总额、社会消费品零售总额、公共财政预算收入、公共财政预算支出、居民人均可支配收入、常住居民人均可支配收入,可以预测下一季度的经济情况,根据历史的经济情况、污水处理厂数据及二者关联性,可用于预测污水水质水量,对污水水质水量提出预警。

8.3 典型设计方案

8.3.1 方案采取技术

8.3.1.1 大数据分析

大数据分析是指对规模巨大的数据进行分析。大数据可以概括为 5 个 V,即数据量(Volume)、速度(Velocity)、类型(Variety)、价值(Value)、真实性(Veracity)[60]。

大数据作为时下最火热的 IT 行业的词汇之一,随之而来的数据仓库、数据安全、数据分析、数据挖掘等围绕大数据的商业价值的利用逐渐成为行业人士争相追捧的利润焦点。随着大数据时代的来临,大数据分析也应运而生[61]。大数据分析实际就是将隐藏在大量、杂乱无章的数据中进行数据信息的集中、萃取、提炼,找到大量数据的内在规律,从而可以帮助研究人员对其做出相关的判断,以便采取适当的措施。

8.3.1.2 网络爬虫

爬虫的本质就是自动化模拟正常人类发起的网络请求,然后获取网络请求所返回的数据。与人手动点击链接访问网站/网页获取数据,没有本质区别。根据具体的使用目的区分,网络爬虫可分为通用爬虫和聚焦爬虫两大类;根据采集数据的过程区分,可以分为累积爬虫和增量爬虫两大类。爬虫的优势是将下载数据的过程通过编写的程序实现自动化批量处理，可以应用于水质水量预测所需的外围数据库构建。

8.3.1.3 LSTM

LSTM 意为长短期记忆（Long-Short Term Memory）模型，是一种特殊的时序神经网络模型。LSTM 模型内部主要有三个阶段：

（1）选择忘记阶段：主要对上一个节点传进来的信息进行选择性忘记。

（2）选择记忆阶段：主要对这个阶段的输入有选择性地"记忆"。

（3）输出阶段：主要决定哪些将会被当成当前状态的输出。

LSTM 模型已经在股票分析、铁水硅含量预测、养殖水质分类预测等中有着良好的应用。其中针对煤层底板突水的预测问题，提出基于 LSTM 神经网络构建的突水预测模型，将煤矿突水实例的数据作为样本数据对模型进行训练，将 LSTM 神经网络模型与遗传算法-反向传播（GA-BP）神经网络模型和反向传播（BP）神经网络模型进行对比实验，结果表明 LSTM 神经网络模型在测试集上的预测正确率更高，稳定性更好，更适用于煤层底板突水预测。LSTM 模型如图 8-2 所示。

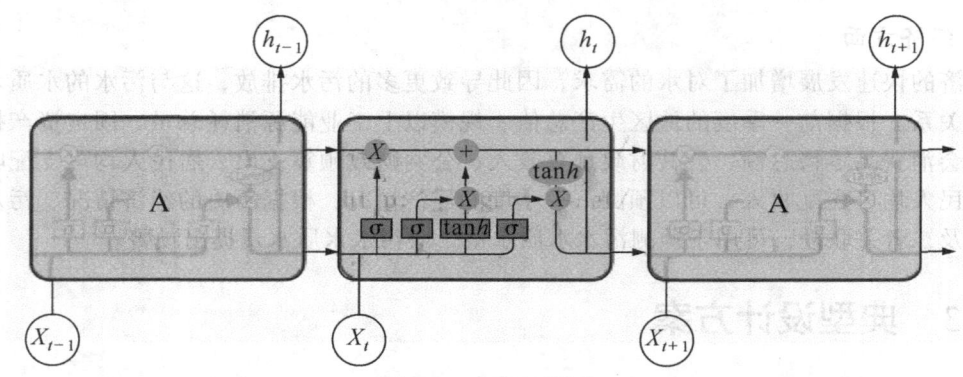

图 8-2 LSTM 模型

8.3.2 具体设计方案

针对污水水质水量预测需求，本书提供了如下解决方案。

8.3.2.1 数据收集与处理

采用前文所述的方法，从整理出的人口数据库、经济数据库、天气数据库，将其数据库汇总，与污水处理厂的历史数据（污水处理量、耗电量、药耗量，进出水 COD、BOD、氨氮、pH、SS、TN、TP 等）汇总形成一个综合数据库。

高质量的样本数据集是准确分析和预测的基础，但是所汇总的综合数据库数据未必完全准确。在无线传感器网络中，由于传感器设备的不稳定、老化或腐蚀及传输网络对距离和周围环境的敏感性，在测量和传输水质参数时可能会出现数据丢失、异常和噪声干扰。此外，人口、经济等数据统计与发布频率较低，且存在缺失、不准确等情况。因此，在数据缺失、异常、干扰较大、频次较低或变化较大的应用场景中，需要对数据进行预处理。线性插值比最近邻插值具有更好的健壮性，也适用于小数据间隔的数据集填充，因此可以采用线性插值。

线性插值方法是将两个已知数据与一个未知数据之间的关系视为线性关系，利用假设直线的斜率计算数据增量，从而得到所需的未知数据。

8.3.2.2 数据分析与预测模型

采用 Pearson 相关系数法分析温度、人口等因素与污水水质水量之间的相关关系。皮尔逊相关系数是分析两个变量之间是否存在密切相关性的一种方法，定义为两个变量之间协方差和标准差的商。所有实测水质参数预处理后，采用 Pearson 相关系数法分析所需预测水质因子与其他因子的相关性。

然后，利用历史水质水量数据及外围数据，建立基于 LSTM 深度学习的预测模型，预测未来水质水量变化趋势。如果预测的水质水量参数超出污水处理厂处理的能力范围，应及时做出调整。传统的 RNN 隐含层只有一个状态 S，而 LSTM 网络增加了一个状态 C，即单元状态。如图 8-3、图 8-4 和图 8-5 所示，在时间 t 隐藏层有 3 个输入，即输入值 x_t 在当前时间，输出值 S_{t-1} 的隐层神经元在前面的时候，单位状态 C_{t+1} 之前的时候。同时，隐含层有两个输出，即当前隐含层 S_t 的输出和单元格状态 C_t 的输出。LSTM 网络设置 3 个控制 C，即 r_1（叫作忘记门，控制是否保存长期的状态）、r_2（称为输入门，控制当前状态是否计入长期状态）和 r_3（称为输出门，控制当前长期状态是否隐藏层）的输出。遗忘门决定了有多少当前状态的信息被保留到当前状态。输入门决定数据 x_t 的多少信息输入隐层，在当前被保存到当前状态 C_t。类似地，输出门控制有多少信息在 C_t 中被输入 S_t 中。

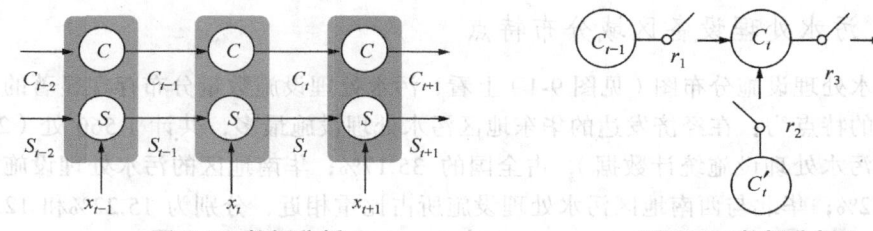

图 8-3　数据分析 1　　　　　图 8-4　数据分析 2

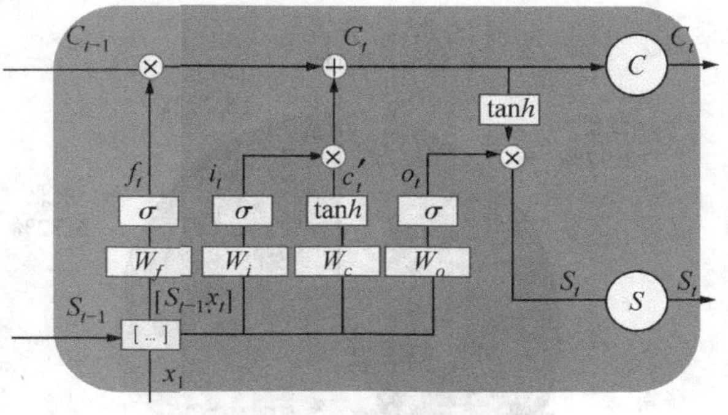

图 8-5　预测模型

如图 8-5 所示，x_t 是输入数据集，S_{t-1} 为输出之前隐藏层，f_t 为忘记门，C_t 是输入状态中的当前时间，O_t 是输出门，W_o 是输出门，C_{t-1} 是前面的单元状态，C_t 是当前单元状态，S_t 是当前隐层的输出。LSTM 网络具有与 RNN 相同的数据反向传播过程，误差值除了在层间传播外，还沿时间序列传播。在得到水平和垂直权值和偏置项的更新梯度后，通过隐藏层结构可以得到每个权值和偏置项的更新值。

9 污水处理设施智能运行解决方案

9.1 污水处理设施运行现状和需求

9.1.1 污水处理设施建设现状

根据生态环境部公布的"全国投运城镇污水处理设施清单",近年来污水处理厂规模与处理量呈现逐年上升的趋势,在《水污染防治行动计划》("水十条")和住房和城乡建设部、生态环境部、发展改革委联合印发《城镇污水处理提质增效三年行动方案(2019—2021年)》等政策实施的大背景下,全国重点区域及重点流域均对污水处理提出了更高的要求,污水处理厂提质增效成为业内关注的热点[62]。截至 2019 年 6 月底,全国累计建成城镇污水处理厂 5500 余座(不含乡镇污水处理厂和工业污水处理站)。由于各地自然条件、社会经济水平存在较大差异,而污水处理设施与地区特征存在紧密联系,因而污水处理设施在数量、工艺、处理负荷率和运行模式等方面存在显著的地域性差异。

9.1.1.1 污水处理设备区域分布特点

从全国污水处理设施分布图(见图 9-1)上看,污水处理设施数量分布存在显著的地域性差异,其分布的特点为:在经济发达的华东地区污水处理设施最多,共计 1 560 处(2014 年全国投运城镇污水处理设施统计数据),占全国的 35.17%;华南地区的污水处理设施紧随其后,占比 23.22%;华北与西南地区污水处理设施所占比重相近,分别为 15.22%和 12.92%;东北、西北地区的污水处理设施数量较少,分别占比为 6.72%和 6.58%。

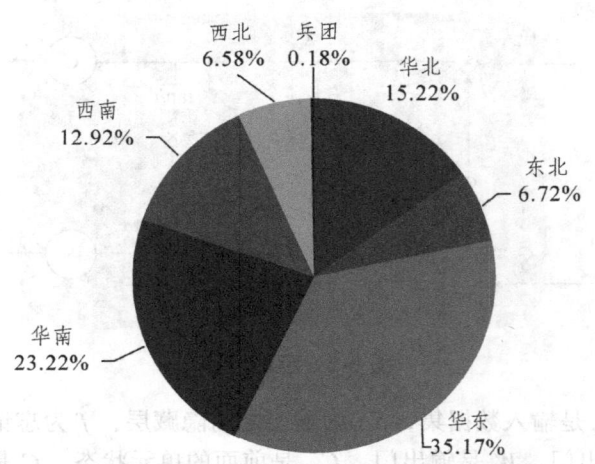

图 9-1 全国污水处理设施分布状况(不含港澳台和西藏自治区)

如果以地域分布、地域面积和服务人口为标尺,污水处理设施的分布数量和分布密度之间的地域性差异更加显著。如污水处理设施最密集的华东地区,其服务密度高达 32 处/万 km^2,

为全国污水处理设施服务密度均值的 4 倍左右；华南地区污水处理设施负荷量也较大，每百万人口就拥有污水处理设施约为 12 处，位居第二，是全国均值水平的 2.6 倍；而华北、东北和西南这些地区服务人群较少，污水处理设施服务密度分别为每百万人口 4.56 处、3.43 处和 5.90 处，基本上接近全国均值；但是西北地区因为人烟稀少，大中型城市数量较少，人口分布稀疏，每百万人口拥有污水处理厂不足 1 处，其污水处理设施密度仅为 1.23 处/万 km^2[63]。

根据"全国投运城镇污水处理设施清单"统计显示，已经建成的城镇污水处理设施在规模设计上存在较大的差异。纵观全国，经济较为发达的区域，如华南、华东地区的污水处理设施的设计处理规模分别占全国总设计处理量的 16.41% 和 16.03%，占比较大（见图 9-2）。我国大部分污水处理设施设计规模偏小，大规模污水处理设施一般集中在经济较发达的地区，如全国最大的污水处理设施为上海白龙港污水处理厂，其设计规模达 280 万 m^3/d，相当于我国排名最后的 778 座污水处理厂设计处理量的总和。从数量上看，设计规模小的污水处理设施占大多数，设计处理量小于 5 万 m^3/d 的污水处理设施占比为 85.69%；设计处理量大于 50 万 m^3/d 的污水处理设施仅有 14 座，占比仅 0.32%，主要分布在国内经济较为发达的一线城市；处理规模在 5 万~50 万 m^3/d 之间的污水处理设施占比为 13.99%。此外，对比全国投运城镇污水处理设施可发现，污水设计规模与污水处理设施数量成反比，原因是经济发达区域服务人员集中，且受地域空间的限制，设计的污水处理设施数量少但是处理量大；而在西北等地区地域广袤，区域服务人口相对较为分散，因而污水处理设施设计规模偏小，分散点位较多，使得污水处理设施设计数量偏多。

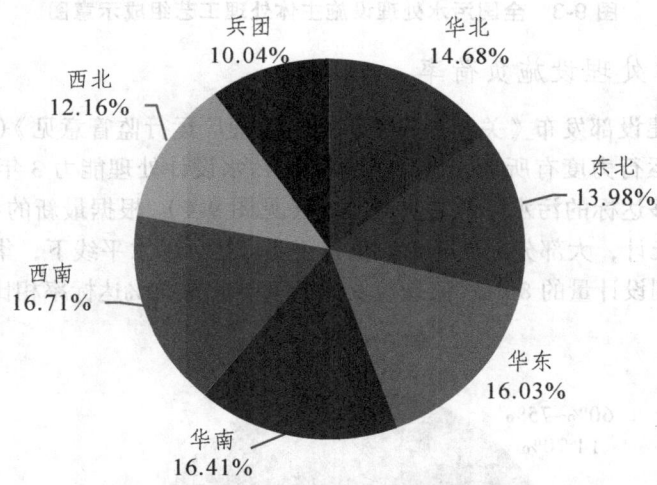

图 9-2 全国污水处理设施设计处理能力区域分布

9.1.1.2 污水处理设施的处理工艺组成

分析"全国投运城镇污水处理设施清单"可知，我国城镇污水处理设施几乎涵盖了所有污水处理工艺。从图 9-3 可以看出，污水处理设施使用最多的工艺是 AAO（厌氧-缺氧-好氧）工艺，占全部污水处理设施总数的 22.07%；其次是氧化沟工艺，数量占比为 16.64%。综合来看，AAO 工艺、氧化沟、CASS（循环活性污泥）和 A/O（厌氧/好氧）工艺是我国当前使用最为广泛的四种主流工艺，其污水处理设施数量超过全国总量的一半，占比为 56.00%；其他 44.00% 的污水处理设施，使用了 42 种不同的污水处理工艺。从污水处理量角度分析，采用

AAO、氧化沟、CASS 及 A/O 四种工艺进行处理的污水总量占总量的 80%，其他 42 种工艺总污水处理量仅占 20%。除上述四种主流工艺外，其他污水处理工艺包括物理化学法、反渗透及膜过滤技术等。物理化学法一般在工业污水处理设施中使用较多，占全国污水处理设施总量的 1.4%；反渗透及膜过滤技术等工艺处理污水过程较为复杂，且成本昂贵，仅有少数污水厂在使用，其占比为 1.5%；其他的 30 多种污水处理工艺占总数的 5%～8%。

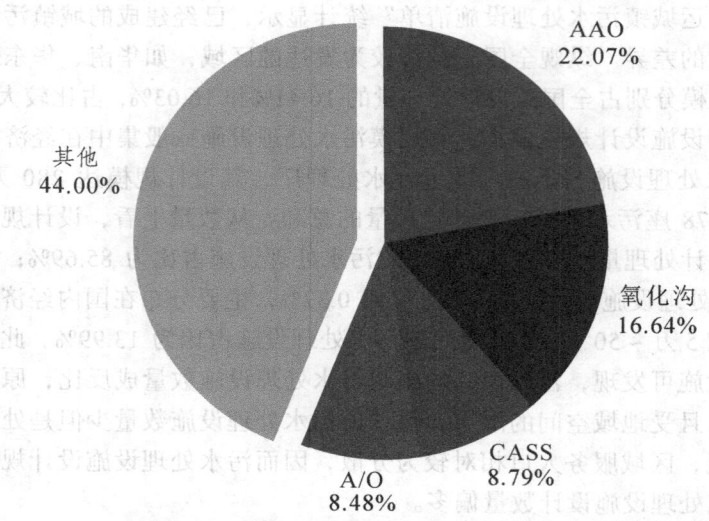

图 9-3　全国污水处理设施主体处理工艺组成示意图

9.1.1.3　污水处理设施负荷率

在住房和城乡建设部发布《关于加强城镇污水处理厂运行监管意见》(简称《意见》) 后，城镇污水厂的投入运行力度有所加大，《意见》规定污水设计处理能力 3 年内达到 75%[64]，单从数量上来看，能够达标的污水厂数量不足 50%（见图 9-4）。根据最新的"全国投运城镇污水处理设施清单"统计，大部分地域污水厂仍处于要求达标的水平线下，华东、华南及西南地区污水处理能力达到设计量的 80%，但是与发达国家要求的 90% 达标率相比存在较大的差距。

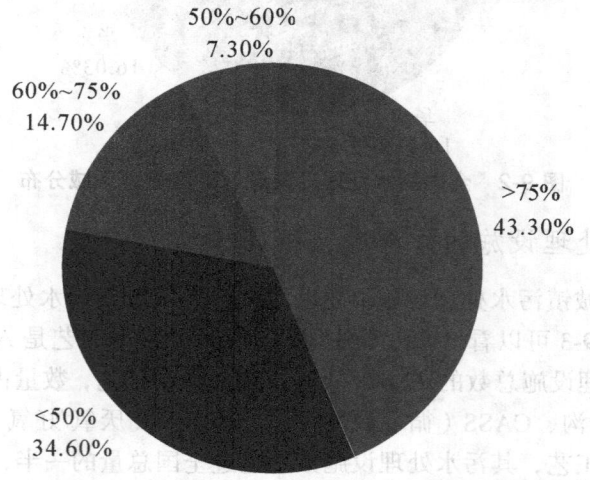

图 9-4　全国污水处理设施负荷率组成情况

根据各地区污水处理设施平均负荷率图（见图 9-5），了解到大部分地区污水处理设施负荷率超过 60%，但是根据上述文件要求，污水处理设施的负荷率严重不足。究其原因，这与区域性的差异存在一定的关系，不同区域的经济发展、管控、污水管网等配套设施存在一定的差异性。此外，随着季节、节假日等人员的迁移，导致局部地区污水排放出现短暂性的变化，这也是导致污水厂负荷率偏低或偏高的主要原因之一。

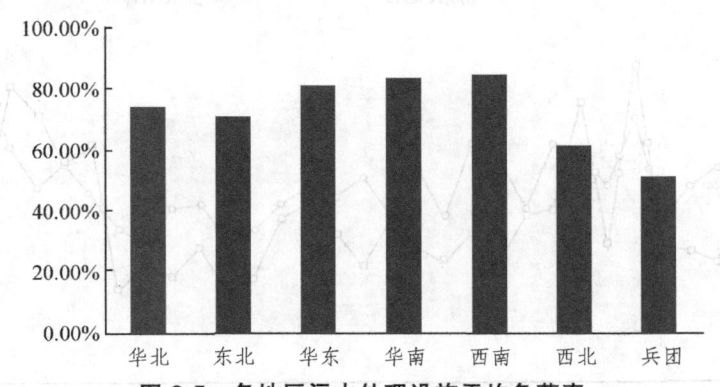

图 9-5　各地区污水处理设施平均负荷率

9.1.1.4　污水处理设施进出口污染物质量浓度

城市污水处理设施进出水的污染物浓度能够反映出污水处理设施的运行效果、处理能力和管理水平等。我国城镇污水处理设施处理的进水 COD 质量浓度为 170～330 mg/L，进水氨氮质量浓度为 13～38 mg/L[63]。典型城市的污水处理设施进水污染物质量浓度如图 9-6 所示。

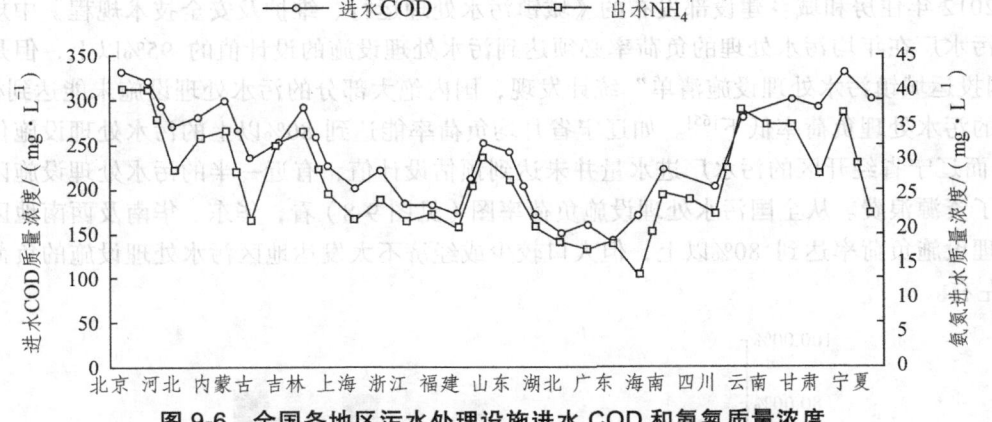

图 9-6　全国各地区污水处理设施进水 COD 和氨氮质量浓度

根据折线图分析可知，以北京、天津及河北等为代表的发达地区污水进水污染物质量浓度较高；以新疆、宁夏、甘肃等为代表的西部地区，由于地区年降雨量较小而导致进水污染物质量浓度较高，而在广西、海南、广东等降水较为丰富的地区，其排水管网未将雨水系统与污水系统进行彻底的雨污分流（尤其是老旧城区），使得部分雨水流入污水排水管网，对污水厂进水口的水质水量造成较大扰动，由于雨水的稀释，进水污染物质量浓度偏低。我国污水处理厂污水排放标准执行《城镇污水处理厂污染物排放标准》的一级 A 标准，其平均 COD≤50 mg/L。我国典型城市的污水处理厂出水 COD 浓度为 27～61 mg/L，出水氨氮质量浓度为 3～11 mg/L。

从全国污水处理设施出水数据（见图9-7）来看，西南地区及附近的广西、贵州、云南几个省份的污水出水COD质量浓度较低，约为30 mg/L；新疆地区的污水出水COD质量浓度超过60 mg/L；其他地区基本接近国家一级A排放标准（50 mg/L）排放。污水出水氨氮质量浓度波动区域较小，除了内蒙古和宁夏地区外，其余地区的污水出水氨氮质量浓度均小于10 mg/L。

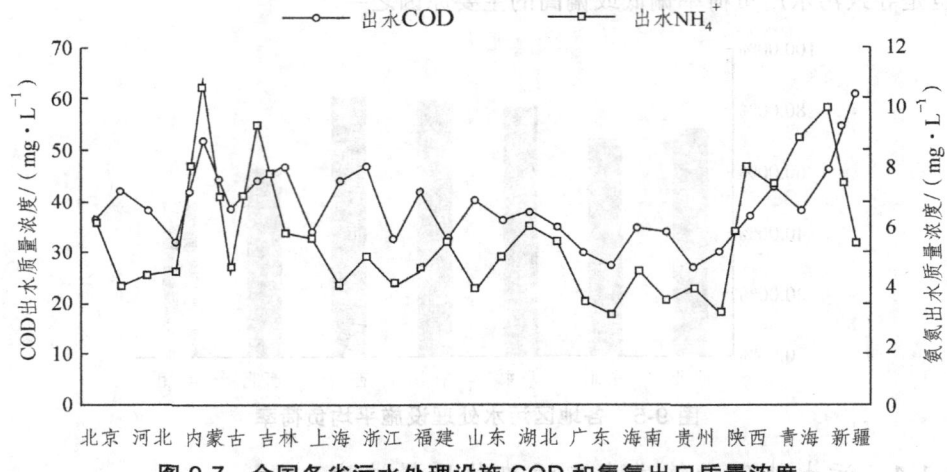

图9-7 全国各省污水处理设施COD和氨氮出口质量浓度

9.1.2 污水处理设施存在的问题

9.1.2.1 污水处理设施运行负荷率普遍偏低

2012年住房和城乡建设部发布的《城镇污水处理运行、维护及安全技术规程》中规定：城镇污水厂在年均污水处理的负荷率必须达到污水处理设施的设计值的95%以上，但是根据"全国投运城镇污水处理设施清单"统计发现，国内绝大部分的污水处理设施未能达到标准，普遍的污水处理负荷率低下[65]。如辽宁省月均负荷率能达到80%以上的污水处理设施仅仅占1/3，而辽宁省经开区的污水厂进水量并未达到预估设计值，有近一半的污水处理设施闲置，造成了资源浪费。从全国污水处理设施负荷率图（见图9-8）看，华东、华南及西南地区均污水处理设施负荷率达到80%以上，但人口较少或经济不太发达地区污水处理设施的负荷率才60%左右。

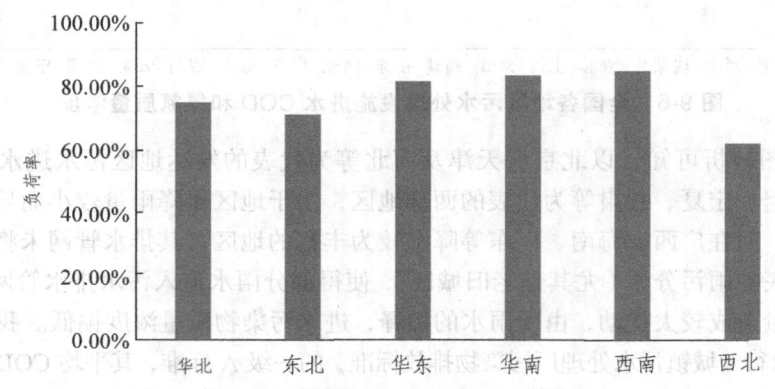

图9-8 各地区污水处理厂负荷率

污水处理设施负荷率太低的主要原因是管网建设不匹配，新旧管网相互交错，使污水处理设施管网配置覆盖率不足、污水收集率低下。由于污水处理设施相对简单，其建设的速度快、周期短等，能很快地完成建设并投入运营；但污水排水管网建设相对较为复杂、周期长，城市管理者往往只重视城市污水厂的建设，而忽视了污水排水管网的建设和管理[65]。有数据显示，截至 2019 年 2 月底，全国共有建设的城镇污水处理设施 5500 余座（不含乡镇污水处理厂和工业），比 2016 年增长约 50%。污水处理设施配套管网与污水处理设施建设在时间上不同步，导致一些污处理设施建成后面临无水源的尴尬窘境。一些城市建设时铺设了一些主干管网，但是由于城市规划不完善及资金不到位等原因，支路管线的建设进展缓慢。部分城市新建设的管网与先前建设的主干管网无法对接或者对接相悖，如设计高度与实际高度不一致，导致已经在使用的干路管道存在积水、堵塞的现象，使得已经建设完成的管道没有"织网成片"，降低了污水收集率。另一个方面的原因是污水处理厂设计时，对污水厂污水来源信息收集工作不重视，对污水水源地污水排出情况和过程中污水走向与汇流未经过成熟的规划和详细的论证，污水管网、泵站等辅助构建设施重视程度不够，同时在污水厂前期设计时仅仅实施简单的投入理论的计算，实际经验/资料不足。在经济发展相对较为落后的地区，污水厂污水处理设计值远高于实际污水流入量，导致设计规模偏大，产生污水厂产能过剩。在经济较为发达的区域，由于经济的发展引起的人口迁移，导致原来设计的污水厂服务的人口数较设计值偏低，使得污水处理厂改造升级滞后于服务人口增长的速度，造成污水厂处理能力不足，出现处理污水超负荷现象[65]。

9.1.2.2　进水水质、水量与原设计不符

污水处理工艺的稳定运行很大程度上取决于污水厂的进水水质和水量，污水厂的进水水质和水量也是污水厂长期稳定运行的关键。在我国，城市污水的水质和水量波动范围较大[65]，如全国最大的污水厂——上海白龙港污水处理厂，进水水质 BOD_5 日均波动为 14～282 mg/L，COD_{Cr} 波动范围为 96～824 mg/L，这是城市污水处理工艺中最大的扰动因素。污水厂进水水量受降水影响明显，如云南昆明市的污水厂，污水管网水量受到雨季降雨量的影响较大，也导致污水中悬浮物的波动较大。另一方面，城市污水处理过程中还受到污水进水水质波动的影响，一些污水厂的进水污染物（有机物、氨氮、悬浮物等）浓度大大超过污水厂正常运行的设计值范围，严重影响污水厂的运行状态和出水结果，如宝鸡市某污水厂进水水质存在氨氮和总氮浓度与设计值不符，其进水污染物浓度远高于设计值，使得污水厂投入的能耗物耗加大，增加了污水厂的运维成本。

污水的进水水质和水量超标究其原因是污水排水管网存在很大的问题，是由于污水管网系统雨污分流不彻底、污水管网老化漏损、沿河流冲击污水处理管网等造成。如一些老旧城区原来使用排水管网与雨污管网合用体制，后来将部分管网改成截流式的合流管网，使得污水厂进水水质和水量受到影响。雨季污水厂接收来自雨污和生活污水的双重冲击，尤其是在初期雨水临时存在高浓度、污染严重等情况，相比旱季污水厂的处理量增加好几倍，引起污水厂的水质水量的大幅度波动，严重影响了污水厂运行的稳定性。在我国，由于城市管理者缺乏对污水管网构建的关注和维护，导致污水管网老化、渗漏等情况，使得地下水、河水或雨水进入污水厂，影响污水厂进水的水质水量。

由于我国区域经济发展不平衡，使得各地区的污水水质水量分布呈现阶梯状。在经济较

发达的地区人口也比较稠密，同时随着人口不断融入大城市也导致污水排水量逐渐增大，但污水厂设计规模与污水排水量不一致。当污水水量超过污水设计规模时污水厂呈现"小马拉大车"的状态，当设计规模远远大于实际污水排水量时，污水厂呈现"吃不饱"的状态。

9.1.2.3 出水水质 NH_3-N、TN 超标

为促进城镇污水处理厂的建设和管理，加强城镇污水处理厂污染物的排放控制和污水资源化利用而制定的技术标准《城镇污水处理厂污染物排放标准》（GB 18918—2002），我国城镇污水厂现执行一级 A 标准的污水厂占比约为 30%，执行一级 B 标准的污水厂占比约 60%[65]。截至 2019 年 6 月，仍有部分污水厂的出水水质低于国家一级 B 标准，主要是污水厂出水氨氮、总氮及总磷等的污染物超标。如全国最大污水厂上海市白龙巷污水处理厂（规模 280 万 t/d）采用的 AA/O 工艺，污水出水质中氨氮的一级 B 标准达标率仅有 46%，其总氮的达标率为 68%。在长江三峡库区的污水处理厂约有 200 座，但是排放达到一级 B 标准的污水厂不到 70%，达到一级 A 标准的厂不到一半。如宝鸡市十里铺污水厂出水氨氮、总氮排放一级 A 标准达标率不到 50%。广州新华污水处理厂出水水质随季节性变化显著，在某些季节污水排放指标偶尔超标，在其他季节由于水质水量的不稳定，很稳定难达到一级 A 标准。出水水质不达标给污水厂的生产管理带来很大的困扰，这些应该引起管理者足够的重视。

污水处理工艺是污水厂出水的关键保障，根据"全国投运城镇污水处理设施清单"统计来看，全国运用的主要污水处理工艺为 AAO、氧化沟、CASS 及 A/O 4 类工艺的污水处理厂占全国污水处理厂的 56%，其中全国污水处理工艺共计 46 种，同时有不到 45% 的污水厂使用了近 92% 的处理工艺。作为 4 种主流工艺具备脱氮除碳的能力，在实际设计运行过程中污水水质的波动于实际设计值存在很大的差异，这些状况对污水厂来说都是比较困苦的，会导致微生物量变化大、碳源不足、氮素超标等情况使得污水出水水质难以达到标准。当污水进水水质低于设计值时，一方面污水中的微生物会因为污水中碳源不足导致反硝化情况不好；另一方面，进水基质底物偏低达不到生物曝气池中的微生物营养需求，容易出现大规模的微生物死亡，使得活性无污泥凝聚难以分离。

此外，除了工艺的影响，污水厂运维管理的水平也对污水出水水质有着重要影响。污水厂运维管理实际上是一个比较复杂的过程，影响因素比较多，如操作人员的专业素养的参差不齐，在判断水质水量、环境条件的变化情况下利用相关的专业知识对工艺条件下的相关参数的调节，由于污水厂污水处理工艺存在一定的弹性，在一定的范围内污水处理工艺能够正常运行，一旦操作人员的知识不足，判断修改的参数超出污水处理工艺的弹性，那么就会严重影响污水出水水质。此外，在污水厂的运维管理程序上国内外存在很大的差距，在国内很多操作人员基本都是污水处理厂雇佣的，很多操作技术人员没有足够的专业知识储备，并且由于薪资和监管的问题导致很多操作人员对运维管理方面的懈怠，导致污水厂在出水水质方面存在很大的问题；在国外，一般污水厂的运行是由高知识人群来实施，能及时有效地解决污水处理过程中出现的问题。

9.1.2.4 管理水平导致能耗物耗的浪费

国内污水厂运行管理的水平参差不齐，不同的污水厂都拥有自己的一套污水处理运行管理策略。污水厂的运行管理是一个复杂的过程，在污水运行过程中管理者的水平是污水厂运

行达标的重要因素之一。在污水厂进水水质波动时段，操作人员对污水状况的快速掌握对污水厂生产水质达标有着决定性的作用。因此，污水厂的操作人员除了要具备一定的物理、化学知识，还要具备一定的污水厂的结构布置及电气知识等。但在我国，污水厂的操作人员基本都是污水厂的外雇员工，对污水处理相关的行业知识储备不足，在遇到污水水质变化波动较大时通常没有足够的理论值指导，使得管理运维方面存在一定的时滞性，导致出水水质不达标、污水处理过程能耗物耗较高。

在污水处理过程中，对于处理能耗较高的污水处理模块精细化管理程度不够，如在曝气模块中，污水厂经常为了能达到污水排放标准，会在满足污水出水水质要求下以最大曝气量来处理污水，但在实际污水处理过程中，污水水质水量往往伴随着时间的变化，导致污水曝气量过剩消耗大量的能源，造成能耗的增大。

9.1.3 污水处理设施行业需求

污水处理设施存在运行负荷普遍较低、进水的水质水量与实际设计不符、出水参数指标超标及设施管理水平欠缺等因素，造成资源能源浪费，因此提出污水处理设施的智能化运行管理需求。

结合我国实际发展现状，通过更换精细调控设备设施可以达到污水高效处理的要求，解决污水处理过程中存在的问题，因此需要对污水处理工艺的污水处理设备智能化升级。污水处理设备设施包括污水进水提升泵房、生物曝气池、微生物除臭塔及加药箱等，这些设备设施都是污水处理过程中能耗较高的设备设施，对这些污水处理设施进行精细化调控是污水处理节能降耗的关键[66]。

在污水厂对设备设施进行精细化调控时，涉及对污水处理设施智能化管理。以曝气设施为例，污水厂要达到出水水质标准，就需要在曝气单元增加参数影响分析模块，提出可操作性智能调控需求。目前常用的鼓风机主要是单/多级离心鼓风机、磁悬浮鼓风机等，虽然单级离心鼓风机具有可调范围广、效率高等优点，但是污水曝气单元的能耗较高，通常在污水厂水处理过程中能耗占约50%，对鼓风机智能化调控有望降低曝气能耗，根据污水进水水质和水量的状态、微生物状况、气候性变化等情况，有针对性地精细化调控，在满足污水出水要求的前提下尽可能降低污水处理能耗。

9.2 设施智能监测系统

9.2.1 数据监测意义

城市污水处理设施系统在应对水资源的匮乏、保证水质安全健康及促进社会和谐可持续发展方面具有十分重要的意义[66]。由于目前城市的污水处理设施存在污水处理运营成本较高、经济效益较差及控制点位系统控制落后等问题，需要在污水处理设施中引入智能控制系统和先进的控制技术，以智能技术实现节能降耗、提高生产效率的目的。

污水处理智能控制系统运用计算机技术，跟踪污水处理过程中污水水质的变化情况，监测相同位置不同时间段的污水水质参数，在计算机仿真图上实现数据在线化，运用计算机数据存储技术对整个污水处理数据过程进行记录，以备查阅[67]。通过计算机软件数据模型技术对已经存储的水质数据调用分析，根据污水水质数据的趋势、走向，调取污水设备工艺参数，进行预警数据分析，实时控制使污水处理设施达到优化的控制状态，实现经济运行、节能降耗。采用人工智能计算代替整个污水处理厂的人工操作，减少污水处理过程出现的多发事故，保证安全、确保出水水质、节约成本，同时也可以完成许多人认为难以完成的任务，提高污水厂运行的可能性。

9.2.2 主要监测参数

污水厂要监测的数据：实时进水流量、污水浓度、pH值、粗细格栅前后水位、泵房吸水井水位、氧化沟水位、前后段溶解氧、回流污泥泥量、回流污泥浓度、剩余污泥流量、药池液位、出厂流水量、出厂水氨氮、浊度等参数。但是常见的监测参数有：

1. COD 和 BOD 监测

根据国标法规定，COD 标准基于国标法，其使用重铬酸钾法回流的方式测定样品，一个样品测定则需要消耗两个多小时，难以满足 COD 在线多样品多参监测分析的需求，而最先进的 COD 在线检测仪器使用臭氧或 –OH 基团能代替国标法中的重铬酸钾为氧化剂来测定COD，其对有机物分解能力强，测定时间短[68]。BOD 的在线监测主要是通过去除测定微生物自养呼吸消耗的氧气量。

2. pH 值监测

根据国家标准，pH 值采用电位法测定，但工程上应用最为广泛的是玻璃电极，其原理是 pH 值与输出电压呈线性关系，并以温度作为补偿。pH 值的检测受到钠、钾离子的干扰较大，目前先进的 pH 计，使用分子蚀刻法可有效排除此干扰。

3. 浊度监测

水处理的浊度监测标准采用 EPA 认可的散射法测浊度，在浊度测定仪器使用过程中，核心的内容是对仪器标定，然而最先进的浊度标定是采用浊度玻璃，这类标定方法不会随时间、温度而变化，无须频繁标定且安全、无污染。

4. 温度监测

温度监测是一个水质监测的基本参数，可以用来校正参数随温度变化的参数，如 DO、pH 等，温度传感器一般采用铂电阻作为温度计的传感装置。

5. 溶解氧（DO）监测

溶解氧的监测一般使用膜头传感器，然而这种传感器具有不稳定、维护成本昂贵等缺点。当前先进的溶解氧传感器采用三电极结构，这类传感器具有自动诊断功能、温补、精度高等优点，适用于较为恶劣的污水环境。

6. 氨氮监测

国家标准规定氨氮测量采用纳氏比色法、水杨酸-次氯酸盐比色和电极法等。纳氏比色法具有操作简便、灵敏等优点，但是水中的钙、镁等金属离子，硫化物，颜色，浊度等会干扰测定，在检测之前需要对污水进行预处理[69]。

7. 总磷的测定

国家规定的总磷监测方法为钼酸盐比色法。

9.2.3 监测数据应用

1. 严控原料进货质量

（1）检查污水监测点位运行记录，检验数据显示状态，跟踪某一产品用量变化情况；

（2）收集每批次的原料使用情况，在一定时间内统计原料使用量，整合原料来源厂家给出的基础参数。根据原料用量判断不同厂家提供原料的使用量，找出差异判断其异常原因，其可能是厂家提供的原料纯度的问题。

（3）分析结论：某厂商的产品纯度偏高或偏低，与厂商进行协商并修改纠正[70]。

（4）措施跟踪：与厂商进行协商后，调整对原料的纯度并重新对接原料供应，收集厂商的检验数据，看是否满足要求。

2. 污水处理过程控制监视

污水处理过程的监测点位的数据监视能与污水处理控制版图结合使用，在污水处理中的日常监控会对运维结果起到事半功倍的效果。

3. 结合监控指导工艺完善

污水处理过程中工艺要求稳定、严谨，污水处理工艺的修订需要以监测积累的大量原始数据为基础，进行分析判断制定改变污水运行决策等过程。下面以一个生产实例来说明污水处理工艺指导：

（1）在污水水质监测过程时，发现某监测点位的出水 COD 最大波动值小于控制要求的 40%，说明污水处理过程中控制力度较大，出现了富余，是一种资源分配浪费。

（2）对同批次的出水 COD 结果计算均方差，确定出水 COD 的均方差和 CPK（过程能力指数）值。

（3）对污水处理因素进行论证（进水水质水量、处理周期等）。

① 收集进水水质的数据发现，进水水质的 COD 数据变化范围超过 10%。

② 由于污水厂的处理工艺确定，硬件设施条件变换不大，其污水处理水质处理速率是一个固定值，由设施运维管理进行单位调整，使其污水进水水质变化小于 10%。

③ 所有的不利因素的集合体对 COD 影响为 20%，相对于 40% 的余量，仍有 20% 的提升空间。

（4）措施：根据确定参数调整量，对污水处理过程的工艺参数进行修订。

（5）结果论证：确定新的处理效率后的检测结果对比之前的出水状况，速率提升之后，出水的水质与之前相比较。

9.3 设施智能调控技术与设备

9.3.1 自动控制技术分类

1. 常规控制技术

污水处理设备的常规控制技术手段主要包含 PID 控制、比例控制、微分控制及积分控制等，虽然常规的控制手段存在污水处理过程能耗过高问题，但是这些常规控制技术控制方法比较简单，因此在大部分污水厂仍然采用这些控制技术。例如，湖南长沙的主城区污水厂采用氧化沟工艺，其处理量达 10 万 t/d，采取的是鼓风机曝气脱氮除磷方式，该工程使用集成与 PLC 的自动控制系统进行集中管控，根据经验要求针对污水处理优化软件的优化方案与过程控制的自控方式相结合，采用顺序、时限与条件控制相结合的原则对污水处理现场的控制设备与阀门进行开关实时控制，从而在污水厂自动控制方面进行了优化，使污水处理水质达标。

2. 优化控制技术

最优化的控制技术是指采用特定优化设计算法（如遗传算法、人工神经网络等）以控制溶解氧量浓度值的设定、污泥回流设定值及加药量等参数值计算，来控制污水进行深度处理并能达到出水指标，确保污水处理过程中运维费用最小、平均污水水污染物含量最低、出水水质能达到国家标准等。但是污水处理过程的最优化控制技术也有缺点，在优化控制技术使用时需要了解污水处理系统的进水水量、污水进水水质的变化情况及微生物的生长动力学参数，但是微生物动力学参数是比较难预测的，因而在这种条件下运用最优化控制技术对污水进行控制存在一定的困难。此外，污水生物处理过程具有复杂性、多变量、非线性等特点，该优化控制方法存在费时、费力、局部最优等缺点[71]。

3. 自适应控制技术

进水水质水量的变化较大，呈现非线性变化是污水厂进水的典型特征，这种情况会导致微生物生长所需要的稳态环境一直被打破，微生物一直在新的环境中不断适应。自适应控制就是围绕微生物不断根据环境改变生活习性从而适应新环境的过程，对污水处理过程自适应控制设计。在污水生物处理过程中，自适应控制随环境变量进行实时校正，自适应控制在污水处理过程中得到了广泛的研究。在自适应控制系统的研究中，利用最小二乘法来估计过程参数，把环境值设置为变量，经过自适应分析得到最佳期望估计值，实现最小方差的自适应控制。

4. 智能控制技术

在污水厂进水水质具有高度非线性的特点，同时微生物污水处理工艺存在非常复杂的生化反应过程，加上水质参数监测的滞后性，这些因素的影响使得传统的方法难以建立准确的数学模型，来描述微生物处理过程以支撑指导污水厂运维管理，因此污水厂最开始就是一类复杂且较难控制的系统，而智能控制系统是基于既有的环境不断学习、不断优化的一类控制系统，能够运用于复杂的环境条件下控制，在污水处理过程中具有很大的用武之地。

9.3.2 常用的污水控制策略

1. 基于模糊规则的智能控制

污水处理的目标是将污水水质中的污染物降低至国家要求的排放标准，建设可行有效的污水控制策略是污水水质达标的基础之一。以 Tsai 等人[72]的研究为例，因存在污泥浊度与 COD、BOD 之间的关系，以控制污水水质中的浊度来达到控制出水 COD、BOD 的效果，其设计原理是基于模糊规则构建智能控制模型：根据污水处理设施的进水和曝气池出水的浊度对污泥的回流率进行计算，获得模糊控制的计算方法，对进水量与污泥回流量进行模糊控制，使得经过处理后污水出水水质浊度最小[71]。Manesis 等人[73]根据曝气池中的水质参数（氨氮、硝氮、亚硝氮、DO、MLSS、温度等）与污水的进出水之间的数据值差异，采用模糊神经控制规则来控制曝气池中风机的曝气量、污泥回流量及污水回流量等参数，出水均能达到排放标准。再如 Nam 等人[74]将污水处理设施控制系统设计为上下两层结构,其上层结构为基于模糊控制系统的溶解氧计算,下层结构为曝气补偿模糊控制系统、阀门的位置控制结构等构成,实验控制结果表明,污水出水水质的 COD 降低了 50%,曝气的能耗下降了 47%。在 Ferrer 等人[75]研究的曝气系统模糊控制中,将曝气池中的监测溶解氧参数与定值溶解氧浓度的误差变化值及累计的误差值输入模糊控制器,曝气的空气输出流量和其变化值作为输出值,该技术比常规的控制技术节能近 40%。

我国彭永臻院士团队[76]在硝氮废水脱氮处理中使用生物电极法,并运用模糊控制技术对该过程进行控制,取得了很好的效果。这类模糊控制算法的智能控制器结构较为简单、可行性与稳定性都较好,能很好地适应污水处理脱氮过程中的氮负荷变化等特点,同时还能指导污水中有机物的投加量,节约了运营成本。

2. 基于神经网络的智能控制

基于污水处理设施中进水水质水量信息、设施单元的运行信息,建立人工神经网络,然后根据污泥的变量信息来预测污泥的生长或膨胀状况,未能够使得建立的神经网络模型真实反映目标参数的变化情况。针对污泥参数特征,构建参数的时滞性模型,经过对比研究神经网络的预测控制模型在时滞性模型的加入使得模型的预测精度比传统的预测方法精度高。在原有的模型基础上,有人加入了一些定量的分析信息,运用该模型来预测污水处理厂污泥膨胀的现象,验证表明一些定性的分析信息加入后,对污泥的膨胀现象影响很大,并且模型预测的污泥膨胀现象与专家判断结果高度一致[77]。国内乔俊飞等人运用神经网络构建了一个污水处理厂整体模型,该模型对实际的污水厂运行数据具有很好的拟合效果。在控制方面,国外有专家利用 BP 神经网络构建了一个自适应的加药控制模型,在控制系统的设计方面,设定的指标以最小加药量和最佳出水水质作为评判标准,并考虑水质处理的延时状态,从其运行结果来看,其污水出水参数模拟预测拟合程度较高。

3. 专家经验控制

专家经验控制是将专家对污水处理设施的控制理论与现代先进的污水厂处理设施理论控制方法和技术集成于控制系统,使得该系统能够在非线性变化的水质环境中模仿专家对调控设施进行智能实时控制,因而该系统也称为专家智能控制系统,属于智能控制的范畴[78]。早在 20 世纪已经有学者将技术将污水处理设施结合,并建立了一个基于专家经验的控制系统,对污泥厌氧消化过程进行故障诊断,取得了一定的成效,为专家经验智能控制系统在污水处理行业上的应用做好了铺垫。在整个系统的建设中使用计算机软件建模模拟的方式,选取消化池的参数输入、输出及表征等 9 个状态参数作为控制过程变量,而污泥泥量、回流量、水量等参数作为参数控制可控变量。Sung 等人[74]运用在线综合控制系统(基于专家经验与神经网络控制)对污水处理设施的水质和水量的变换分析控制,其运行结果将出水的 COD 降低了 50%,精细化管理大大降低了曝气成本。施汉昌等人[78]开发了一种基于城市污水日常运维的专家系统,该系统采用正反两面的混合推理机制,建立故障树机制,对用户公开知识信息数据查询,方便用户的使用和运维。

4. 多智能体控制

多智能体控制是基于黑板结构与多个智能体进行交流整合、联合控制的方法。这些智能体包含模糊神经控系统、专家系统控系统等,基于国际水协发布的 ASM1 理论智能体、在线数据采集系统智能体、人机交换口智能体等。在该结构上，一方面各个智能体能从结构内存储的数据第一时间信息调取和分析；另一方面各个智能体能将该结构内的分析处理数据结果显示在该结构上，供其他智能体的调用与验证。但是目前基于多智能体控制技术的研究内容还较少。

9.3.3 常用智能调控设备

9.3.3.1 变频风机

变频风机能根据需要控制风量大小，与传统的风机相比多了一个定制的变频器。该类型的风机能根据实时调节电机的频率来调节风机风量的大小，以满足生产实际需要，节能降耗，同时变频风机可以实现无级调速，并且能形成闭环的控制系统实现恒压或恒流控制。作为一种基础可调控的设施，需要一个最优调控的运行调度系统，能根据实时污水处理运行数据进行实时调控风机的风量大小。

变频风机的变频器与其他的变频器最大的作用是在风机调速过程中降低能耗，它可以以软启动的方式对电机电流的瞬间冲击予以保护，同时还能达到输出的风压与空气流量的精准控制。变频器的配置在风机、水泵节能降耗方面的作用特别明显。在机械生产的设计上，为了保证生产的可靠性，电机设置配备的动力驱动上都有一定的裕量。因而在电机不能在满负荷状态下运行时，除了对动力部分的需求能耗外，其多余的力矩会增加有效功率的消耗，造成一定的能源浪费。传统的电机、风机、泵等设备调速是通过调节进口或出口的挡板高度、阀门的开度等来调节风量或水量，其由于设置挡板或阀门的原因造成输入的功率大，而输出的功率小，造成很多的能源浪费在挡板或阀门的截流中。使用变频器调速，可通过改变电机的转速达到输出量的需求，值得一提的是，大多数风机或泵都存在"大马拉小车"的现象，加上因为生产管理制度的落后与工艺的缺陷，需要经常调节输出的流量、压力及温度等参数；目前仍然有许多单位采用落后的改变挡板或者阀门开度等方式来调节输出的参数，这种通过增加阻力改变风量方式是以浪费资源能源与金钱的代价来满足工艺上的需求，同时这类调节方式无法做到精细化调控（可调变性能差），难以满足现代化的工业需求[79]。变频器的出现带来了一场交流调速革命，随着近年来变频技术的发展和完善，变频器的调速功能日趋完美，已经被用于各调速领域，推进了工艺自动化生产的进程。变频器运用于交流异步电机的调速，其性能远远超过以往的任何的交流直流的调速方式，并且具有结构简单、调速范围广、安装方便等优点。

9.3.3.2 精细调控阀

变频风机在运行时一般配合精细调控阀门使用，在精细曝气运行策略的驱动下，对变频风机风量进行精细化调控，同时变频频次会对风机产生不利影响，在精细调控阀门的配合下能够减小风机的负担，双重保险起到精细调控的作用。常见的精细调控阀包括蝶阀、空气阀、活塞阀等。蝶阀操作温度高达 200 ℃，内衬橡胶耐腐蚀，并且带有 UVV 联锁作为安全保护阀门。该阀门设计紧凑，在水利管线中经久耐用，广泛应用于水力运输、水厂、工业及市政行业中。活塞阀又称活塞调流阀，其独特的结构形式决定着阀体及附属管线的安全：在 VAG 调流阀体内，进水水流沿着阀门内壁的弧状进入调流阀的内腔，阀门内部呈现轴对称结构，但是在水流出口处口径向中心线收缩状，这样通过阀门的介质不会发生紊乱且能够有效克服噪声和振动带来的扰动影响，同时在水流出口处设置有截流部件，根据水流要求可以具体设计，以对抗流体流动过程中的气蚀要求。阀门的出口处呈现线性状收缩与节流部件一起产生引导抵消阻力，可以在液体流动状态中消减压力效果，同时避免因节流过程中引起的气蚀现象带来的影响。

9.3.3.3 风机组合系统

虽然精确曝气经济效益可观、前景广阔，但是相应的调控设备（如菱形刀闸阀）成本较高，中小型污水处理厂一般没有实力和动力进行大量的升级改造，而全国小于5万t的污水厂占总数的86%。采用变频鼓风机是一种较为经济的方案，但在实际操作中鼓风量与电机频率之间并非线性关系，换算较为麻烦（随时间的推移风量也会变化），一般也需要阀门辅助控制；如果采用普通的风机，则无法提调控风量。

考虑技术要求、成本、经济等方面的情况，我们提出一种过渡阶段的折中办法：利用 n 个电机组合成 2^{n-1} 个工况。假设最小流量是 a，则设置其他几台鼓风机的流量分别为：$2a$，$4a$，$8a$，$16a$……如此，可以组合出 a，$2a$，$3a$（1+2），$4a$，$5a$（1+4），$6a$（2+4），$7a$（3+4），$8a$，$9a$……$31a$（1+2+4+8+16）等工况。如5台鼓风机，共计可以提供31个梯度的风量。

风机组合方案有以下优点：

（1）由于当前大部分污水处理厂仍然使用普通鼓风机，在污水厂向精准控制风机过渡时可以采用该方式，即可实现梯级指数的调控。

（2）在不超过风机风量变化范围的20%时可采用近似代替法，互为备用。如在1，2，4，8，16中，若8坏掉了，可以用1，2，4代替；若需要13的风量，除了采用1+4+8=13的组合方案之外，还可以用2+4+8=14，4+8=12，1+2+8=11等方案有误差地实现，这样可以使部分长时间工作的泵得到休息。

（3）能耗成本可控，根据预算选择使用梯度，对应近似误差较小的风机个数。

9.4 污水处理设施升级典型设计方案

9.4.1 监测系统的构架与设计

监测系统的构架与设计

9.4.2 高效提升泵站设计方案

高效智能一体化的提升泵站是现代城市污水处理厂的一个高能耗污水辅助处理设施，其能耗控制是降低整个污水厂运行成本的关键问题。下面以污水厂为例来简单介绍一体化提升泵站的运行调试问题和相关的工程原理。城市污水处理就是运用一系列的物理和化学工程，让污水中有害的物质去除或者转化为无害或者低毒害的物质，实现污水的可排放和再利用。一般将处理工艺依次分为预处理工艺、一级处理工艺、二级处理工艺、深度处理工艺和污泥处理工艺。其中一体化泵站主要负责水位提升的工作。

高效提升泵站设计方案

9.4.3 精细曝气系统设计方案

曝气控制（DO 控制）是污水生物处理工艺中重要的能耗环节。在国内的污水处理厂中，曝气环节的耗电量可占总电耗的 50%～70%，这让曝气环节的耗能问题备受关注[86]。

AVS（Aeration Volume Control System）精确曝气系统是专为污水厂溶解氧精细化控制提供的整体解决方案。AVS 是一个集成的控制系统，可以为不同工艺提供不同的供气方案，大致分为微量曝气、间歇曝气、溶解氧分布控制和正常曝气。该系统最大的优势在于在实现精细调节的同时还可以适应工艺的变化。AVS 还可以根据曝气池当前需要的曝气量，通知鼓风机或转碟曝气机进行曝气量调节，按需曝气，节约曝气电耗。控制模型底层采用了国际通用的 ASM 系列活性污泥数学模型。

9.4.3.1 系统原理

AVS 基于"前馈＋模型＋反馈"的多参数控制模式，能够实时精确地计算出曝气池内所需的曝气量，并通过调节鼓风机的风量或者转碟曝气机的充氧率达到按需曝气或充氧，实现溶解氧的精细化控制，并降低曝气能耗。其控制原理如图 9-14 所示。

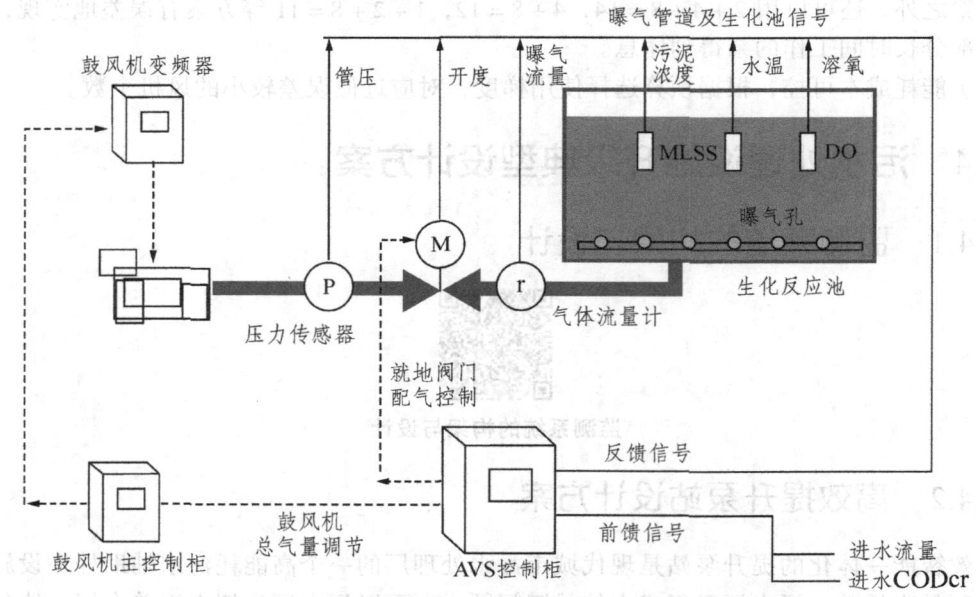

图 9-14　AVS 鼓风机控制原理

9.4.3.2 系统功能

1. DO 精细化控制

污水处理系统的时变性、时滞性、扰动性及非线性等特性致使传统的 DO 控制策略（人工手动控制和 PID 控制)一直无法及时准确地应对各种扰动的影响,导致在线控制中 DO 值呈现大幅度波动,要达到精确曝气控制的目的就必须建立基于活性污泥数学模型的先进控制技术。AVS 可以根据污水处理的整个工艺流程的在线运行数据和历史运行数据进行数据处理建模,确定该污水处理厂的特征参数和补偿参数,并运用仿真软件进行一系列的检验。通过检验的数据模型,可以用于系统的控制,调节供气流量。还可以根据现场传输回来的数据,通过模型计算出每个曝气单位的供气流量,由执行系统或者机构进行调节,可以精细化控制溶解氧。

2. 对不同 DO 浓度目标设定值的控制效果

维持好氧池内高的 DO 浓度有助于加快提高污泥代谢有机物的速率,而低的 DO 浓度有利于节能。由于好氧段沿水流方向上有机负荷不同,对曝气量的需求也不同。因此,实现好氧池中对不同区域内不同 DO 浓度的控制能力则是衡量控制系统性能的重要标准之一。AVS 能把曝气池内 DO 控制在 0.5~5.0 mg/L 的任一设定值,控制精度在设定值的 ±0.5 mg/L 范围内。

3. 对动态 DO 浓度目标设定值的控制能力

衡量精确曝气控制系统性能的另一个重要标准是对 DO 浓度目标设定值的跟踪响应时间,即 DO 控制区内的 DO 设定值改变后,精确曝气控制系统必须在很短的时间内跟踪响应,并通过调节阀门开度调整各支管的曝气量,使 DO 测量值在很短的时间内迅速响应到目标设定值。在 AVS 实际应用中,突然改变 DO 浓度目标设定值,AVS 可以在 5~10 min 内迅速调整支管曝气量,使 DO 重新稳定在目标设定值附近 ±0.5 mg/L 以内。

9.4.3.3 系统特点

(1)精准供气,节能降耗。
(2)可靠性、可扩展性、可维护性较好,降低运行维护成本。
(3)具有 3 种运行控制模式:自动控制模式、手动强制控制模式、安全模式。
(4)能第一时间发现阀门泄漏、管道漏损、曝气头堵塞等故障。
(5)运用 GPRS 可以远程诊断、调试、维护。
(6)通信方式多样,如 Profibus DP、Modbus 等。
(7)通过流量调节阀控制,流量控制精度高。
(8)各传感器和电动阀门发生故障后马上报警。

9.4.4 智能加药系统设计方案

PAM 全自动加药装置是具备智能化、全自动、连续制备溶液并能连续监控絮凝剂加入量的一体化絮凝剂溶液配制及准确投加装置。PAM 自动加药装置一般配制溶液范围为 0~4 000 L/h,浓度为 0.1%~0.3%。

9.4.4.1 工作原理

(1)系统启动后,当水位检测器检测到药液已经在储存箱中液位以下时,系统自动启动。打开供水系统的电磁阀,将以恒定比例混合的水和干粉加入旋流预混器进行预混,然后进入配置箱里通过带有多层桨叶的搅拌器搅拌。

(2)通过配置箱溢流到熟化箱后再次搅拌混合,再溢流至储存箱,再通过加药泵自动投加到设备中。

（3）储存箱内的水位检测器检测到药液在高液位以上时，系统停止配液。

（4）当料仓内粉末缺少时，料位计会启动旋转，配电箱上的报警器会报警，当储药箱内液体到达最低液位时，报警器也会报警，同时出药的螺杆泵停止工作。

9.4.4.2 加药详情

根据水质状况和处理后水的去向可以确定污水的达标率。

一级处理：以处理污水中的悬浮固体污染物为主，所以一级污水处理以物理法为主。经过一级处理后，污水中的 BOD 去除率大约为 30%，没有达到排放标准。一级处理同时也是二级处理的预处理。

二级处理：以除去污水中的胶体和溶解态有机污染物为主，其中大部分是 BOD、COD 物质，去除率为 90%以上，悬浮物去除率可达 95%，通过二级处理一般可以使有机污染物达到排放标准[87]。

三级处理：对二级处理过程中难降解的物质（如氮、磷等水体富营养化有机物）做深度处理。目前脱氮除磷的方法主要有活性炭吸附法、砂滤法、混凝沉淀法、离子交换法和电渗析法等。

污水处理流程为：污水经过粗格栅过滤后经过污水提升泵进入污水厂，然后经过细格栅或者筛选器进行除杂，再经过沉砂池砂水分离后进入初沉池（以上为一级处理），污水通过初沉池后进入生物处理设备，生物处理设备多采用活性污泥法（曝气池、氧化沟等）和生物膜法（生物滤池、生物转盘等）对污水进行生化处理，然后污水再进入二次沉淀池，根据二沉池的出水达标与否，决定二沉池出水进行消毒排放或者继续进行三级处理[88]。三级处理主要是生物脱氮除磷法、混凝沉淀法、砂滤法、活性炭吸附法、离子交换法和电渗析法。二沉池污泥需要一部分回流到初沉池或者曝气池，一部分进入污泥浓缩池、污泥干化池等，经过机械脱水或继续干燥后资源化利用。

二沉池的污泥一部分回流至初次沉淀池或者生物处理设备，一部分进入污泥浓缩池，再进入污泥干化池，经过脱水和干燥设备后再利用。

9.4.4.3 系统装置的特点

（1）全自动控制运行，节省运行费用。

（2）与介质接触部分具有良好的抗腐蚀性。

（3）固体药剂采用干粉投加机，投加量精确可调。

（4）设备采用三槽溢流式溶液操作系统，设备体积小、安装简单快捷，可以用于药品溶解和连续加药的工艺流程。

（5）系统装置采用多箱式设计，其目的是保证分散、熟化彻底。

10 污水处理系统智能管理解决方案

污水处理系统智能运行管理的关键是在于建立水处理过程在线管理"智能大脑",解析水质安全保障、环境保护及能耗物耗之间的复杂关系,实现包含精细曝气、精准投药在内的智能运维。"智慧大脑"的构建主要是对污水处理过程数据进行挖掘,基于工艺信息和历史数据,建立污水处理模型并进行拟合优化,并能结合传统运维的专家经验,对污水处理系统提出最优化的调控策略,控制相应的污水处理设施精确、稳定运行,同时提供决策建议给运维管理人员,辅助完成药品采购、设施巡检与故障排除等。

构建智慧大脑所用的污水处理模型可以是数据模型、机理模型或二者的融合。当前基于人工神经网络(Artificial Neural Network)、回归分析(Regression Analysis)、支持向量机(Support Vector Machine)等方法的数据模型与以 ASM 为核心的机理模型应用较为广泛,两种建模方案各有优劣,既互相独立又能互相融合形成新的模型方案。结合两者的特点和当前污水处理厂数据采集与运维管理现状,将两种建模方案深度融合,构建更为准确的数据+机理模型共同指导污水厂智能运行管理,是未来智慧污水系统中污水处理模型的发展趋势。

10.1 数据模型方案

数据模型是以初期数据(污水处理模型、运维过程数据)的加载、前置性数据管理体系(数据标准、数据质量、数据预处理)的构建、持续性数据管理运营体系(优化运行管理方案、辅助决策方案)的构建为基础,将人工神经网络、回归分析、支持向量机等人工智能算法运用到数据分析中,实现数据价值深度挖掘、数据规律预测。

10.1.1 人工神经网络模型方案

污水厂污水处理工艺是具有高度非线性、时变性且多参数互相制约的复杂系统。人工神经网络模型是一种解决此类复杂系统模拟和预测问题的经典方案,已经得到广泛研究和应用。人工神经网络(Artificial Neural Network,简称 ANN)理论是一种受生物神经系统(如大脑等)启发的信息处理系统。神经网络通过调整元素之间连接的值(基于比较的输出和目标),直到网络输出与目标相匹配,从而在给定的输入条件下预测正确的输出结果[89]。ANN 以生物神经系统为原型,可以模拟人的大脑进行建模,因此可以利用人的知识与经验对整个系统进行指导训练,从而计算出优化的运行控制策略,对污水处理系统的复杂性特点具有很好的适应性。

ANN 准确性、充分性高,通过对工艺过程代表性历史数据的分析处理,可以很好地预测工艺性能,在工程上有广阔的应用前景[90]。在污水处理厂中,有一些关键的解释变量可以用来评估工艺性能,包括生化需氧量(BOD)、化学需氧量(COD)和总悬浮物(TSSs)等。现有的大部分关于应用 ANN 对污水处理厂进行建模的研究都利用了这些变量,并将 ANN 模型作为预测污水处理性能的有效且可靠的方法。

污水处理系统是相当复杂的,ANN 模型分析处理涉及污水水量、水质、温度及微生物状态等复杂参数，对模拟污水处理过程是比较适用的，也是一种很有潜力的替代建模技术。由于ANN建模的优点，不需要对过程中所涉及的现象进行数学描述，因此在模拟和预测复杂系统时比较便捷。ANN的可靠性和健壮性，在很大程度上取决于过程变量的选择、训练的目标及可用的数据集。因此，针对不同参数的污水处理状态，需要对模型进行大量的数据训练和反复调优。

鉴于污水处理系统的非线性、多参数及数学模拟较为困难等问题，近年来许多学者在致力于开发更精确的数学模型的同时，也致力于神经网络模拟和污水处理过程控制的研究，现阶段的研究中，可以将ANN应用于以下几个方面：

（1）污水处理过程的模拟：基于神经网络构建的污水处理模型，可用于污水厂运行和水质预测；同时模型还兼具确定"额定"水质条件下污水厂还能承受的"额外"负荷。

（2）污水处理过程的模拟和控制：基于神经网络模拟对传感器的监测和生物处理过程的控制，污水水质的干扰与传感器的监测变化一致的条件下，神经网络具有较强的干扰识别能力。

（3）实现对某些特定参数、现象的预测：延时神经网经过多层感知器网络模型对输入节点进行筛选，能对污水出水水质进行精度预测；构建快速模糊神经模型能预测DO变化对系统的冲击。

（4）用于优化计算：基于活性污泥数学模型对污水水质的动态预测，构建神经网络用于改善模型预测结果。

（5）与其他控制方法相结合实现智能控制：人工神经网络可与模糊逻辑、数学模型、专家系统等组合对污水实时运行进行控制。

（6）污水处理过程"软测量"：利用神经网络，基于实时测定的易得参数与不能实时获取或监测困难的参数（如BOD、COD等）之间的关联关系，对难获取参数进行估算。

10.1.2　支持向量机模型方案

针对污水处理过程存在的监测数据分散、频率低、分析和应用滞后严重等问题，将支持向量机分类算法应用到水质评价中。通过对离线数据样本的研究，基于水质参数标准，建立水质评价模型和水质等级划分方法，对污水水质等级的评价，构建基于SVM的多参数水质监测评价系统，满足水质监测业务自动化、信息化、智能化管理的目标，同时具有较高的水质评价准确性和及时性。

污水处理系统具有时变性、复杂性和非线性等特征，运行管理和优化调控极为复杂。在当前水环境形势下，污水处理设施出水水质稳定达标尤为重要，运用SVM算法方案能解决诸多的污水处理问题，其应用领域包括：

（1）故障诊断：对基础数据收集、基于邻域粗糙集的支持向量机算法对问题规模的简化、异常样本的剔除、样本的加权处理，最后试验结果不仅提高故障诊断率，而且降低了问题的复杂度。

（2）节能降耗：基于回归支持向量机算法与主元分析相结合，对数据进行预处理并搭建不同的软测量模型，对比验证可保证预测精度，精确控制实现节能降耗。

（3）污水状态识别：基于最小二乘法支持向量机模型的多维参数分类及信息融合方法，实现污水水质状态的识别。

（4）水质智能预测：基于竞争粒子群算法（ICPSO）采用速度-位置搜索模型，构建水质预测模型。

10.1.3 回归分析模型方案

在统计学中,回归分析(Regression Analysis)指的是确定两种或两种以上变量间相互依赖的定量关系的一种统计分析方法。回归分析按照涉及变量的多少,分为一元回归和多元回归分析;按照因变量的多少,可分为简单回归分析和多重回归分析;按照自变量和因变量之间的关系类型,可分为线性回归分析和非线性回归分析。

在大数据分析中,回归分析是一种预测性的建模技术,它研究的是因变量(目标)和自变量(预测器)之间的关系。这种技术通常用于预测分析时间序列模型及发现变量之间的因果关系。在水处理过程的预测中有各种各样的回归技术用于预测,其常见的回归技术有线性回归、逻辑回归、多项式回归、逐步回归、岭回归、套索回归等。其常见的应用领域包括:

(1)水质评价:在水质评价中引入多元回归分析,在综合污染指数与分量指标间构建数学模型,对基础参数具体、科学、可行的分析,可以直观具体展示水质评价结果,具有较强的实用价值。

(2)污水排放量预测:基于污水厂排放污水数据,建立回归方程,通过关联系数、剩余方程及 F 校验,确定最佳回归预测方程,运用方程预测污水厂月、季度或年污水排放量。

(3)工艺监测和预警:以污水处理工艺直观参数为基础,引入动态变化参数(如微生物种类或某类个体数,代表污水净化程度),将动态参数与基础参数构建方程关系,经过回归处理得到基础参数与动态参数(水质净化)检索曲线。

(4)水质软测量:利用主元分析法对预测水质参数变量辅助精选,建立基于最小二乘法(PLS)的污水水质软测量模型,能对水质进行较好地拟合和预测,同时助力于污水处理过程实现优化控制,具有一定的实用价值。

(5)能耗预测:通过污水处理过程动力学方程分析与能耗相关的过程变量,利用自适应回归核函数方法建立能耗模型,利用梯度下降算法对能耗模型参数进行自适应调整,提高模型精度,能够根据污水处理过程变量实时获得污水处理过程的能耗,具有较好的自适应特性和较高的精度。

10.2 机理模型方案

污水处理领域常见的机理模型有活性污泥模型(Activated Sludge Model,ASM)、固定生长好氧生物处理过程模型、厌氧生物处理过程模型等。活性污泥法是目前城市污水处理的主流方法,因此其对应的 ASM 应用最为广泛。

自 ASM 诞生以来,研究者进行了大量的离线模拟,将监测得到的详细水质参数输入 ASM 中模拟污水处理过程,通过模型参数率定、校核及敏感性分析,对实际生化反应过程进行模拟计算,并给出优化运行方案,指导实际工程运行并预测可能出现的状况等。

离线模型虽然可以解决问题查找、工况优化并给出辅助决策方案,但是存在明显的时滞性,基于之前实验数据给出的运行策略与当前实际情况存在一定偏差。在污水厂管理水平亟待提升的迫切需求下,以及智慧城市发展的大背景下,通过污水处理系统机理模型构建在线运维管理解决方案,实现在线化参数输入、在线化模型计算和在线化运行管理,进而实现在线指标监测与设备故障及时响应,污水处理工艺在线参数优化调控和辅助决策管理,在保障出水水质达标的前提下节能降耗,是在污水处理领域智能化升级的重要发展方向。

10.2.1 活性污泥模型

20世纪80年代由于水体富营养化等水体污染日益严重，对碳、氮、磷等元素进行处理的迫切需求推动了污水处理模型的发展。国际水协（IAWPCR）于1982年成立专题研究组，建立活性污泥法机理模型（ASM），并将其运用于污水生物处理系统的设计与运维中[91]。

1987年，Mo-gens等人在Marais和Dold等人研究工作的基础上，提出了活性污泥1号模型（ASM1），该模型采用了Dold等人提出的"死亡-再生"理论，去除了其他的代谢机理。ASM1模型包含碳氧化、硝化及反硝化过程，以矩阵方式描述污水处理过程中微生物好氧和缺氧条件下对有机物水解、微生物生长和衰减等8个反应过程。为了弥补ASM1的不足，IWA专家1995年推出了活性污泥2号模型（ASM2），沿用了ASM1的基本概念和矩阵表达形式，涵盖了ASM1中的所有工艺过程，但在其组分上有所增加，该模型对去除COD、氮的综合处理工艺进行动态模拟。随着对除磷的认知和要求的提升，IWA又推出了ASM2D，在原来活性污泥2号模型的基础上增加了新的动力学参数，同时还添加了聚磷菌在缺氧条件下的生长过程。之后，针对ASM系列模型在工程实际中运用出现的问题，IAW专家于1998年又提出活性污泥3号模型（ASM3），在反应、计量参数和动力学参数等方面都做了改进，该模型主要反应过程和1号模型相同，但是没包括生物除磷过程，侧重点由水解转为有机物储存。

ASM系列模型采用的是一种"矩阵"式的模型表示方法，矩阵表中每一行表示与系统模型中识别过程有关的信息，每一列表示与模型组分有关的信息，最后一列是相应的过程速率表达式。采用该方法不仅可以清晰地表达多种反应物质、多个生化反应方程及其计量系数之间的复杂关系，还可以方便地通过连续性校核检验模型是否出现违反质量守恒的错误①。ASM系列模型对比分析如表10-1所示。

表10-1 ASM1、ASM2d、ASM3模型比较

模型名称	ASM1	ASM2（ASM2d）	ASM3	备注
组分数量	13	20	13	
生化反应过程数量	8	19（21）	12	
关键过程	C氧化过程 硝化过程 反硝化过程	C氧化过程 硝化过程 反硝化过程 除磷过程	C氧化过程 N氧化过程	在ASM1和ASM3中厌氧过程是缺氧过程的顺推
模型科学性	早期模型结构，在组成分配和理解上有一些不清晰的地方	对缺氧生长过程进行描述，对除磷过程进行了总结性的模型化，对细胞内部结构有了一些细致的描述	一方面对硝化细菌和异养菌的流程进行了分区，另一方面对细胞内部结构进行了更清晰的定义	
使用情况	经过10多年，有大量使用事例，从模拟、设计到控制，比较完备	经过近10年的实验和应用，已具有较好的使用性能	还没有大量的使用	
基本评价	大量成熟和稳定的应用	模型非常复杂，但包含了重要的厌氧和除磷过程	具有模型描述的先进性	

---

① ASM中每一行只有一个生化反应方程，表示一个生化反应过程。产生某种物质的计量系数为正，消耗某种物质的计量系数为负。由于质量守恒，反应过程产生和消耗的物质总量应该相等，因此每一行的计量系数之和等于零。

10.2.2 基于 ASM 的商业软件

随着污水处理行业的发展和污水处理模型的不断完善，国内外涌现了一系列以活性污泥为基础的模拟废水处理过程的商业软件，通过可视化界面与较健全的模拟功能指导污水处理厂的设计、运行、优化和维护。常见的商业化污水处理模拟软件有 GPS-X、BioWIN、SIMBA、WEST、EFOR、STOAT 和 ASIM 等[92][93]。这些软件的特征对比如表 10-2 所示。

表 10-2 集中污水处理模拟软件比较

名称	基础模型	模拟工艺	首推时间
EFOR	ASM1，ASM2d，ASM3	活性污泥	1990 年
STOAT	ASM1，Takacs 沉淀池模型	活性污泥、SBR	1994 年
GPS-X	ASMs，沉淀池，生物膜和厌氧模型	活性污泥、SBR、生物膜	1991 年
SIMBA	ASMs，厌氧消化，污染负荷模型	活性污泥、SBR、氧化沟	1994 年
WEST	ASMs，沉淀池模型	活性污泥、SBR、生物膜	1998 年
ASIM	ASM1，ASM2d	活性污泥、SBR	1988 年
BioWin	ASM1，ASM2d，ASM3，污泥消化模型	活性污泥、SBR、氧化沟	1990 年

10.3 机理模型与数据模型融合方案

机理模型与数据模型是两类对污水处理过程中有效数据进行分析处理和结果预测的模型，将它们进行有效的融合，整合两种模型思路的优点，能更好地应对污水处理厂当前面对的数据质量差、数据体量小、过程复杂度高、波动性大等问题，在过程建模、过程控制、过程优化和过程监控等方面具有优势。

10.3.1 均值融合方案

均值融合方案的步骤如下：

（1）基于污水处理数学模型（如 ASM）建立相应的污水处理厂运行管理模型，在运行管理模型输入 A 时间段的进水参数、设备参数及基础参数，基于机理对工艺进行模拟运算，对其输出结果进行优化和分析，运用高级试验功能优化输出值和运行管理调控方案，给出 A 时间段内的参数最优化运行管理调控方案，定义该方案为 X。

（2）基于 A 时间段内收集的各个参数数据，在已建立的较优数据模型基础上运用新数据对数据模型进行训练和调优，待数据模型训练成熟后导入新的进水数据、设备运行参数及基础参数进行运算和优化，得到数据模型最优的运行管理调控方案，定义该方案为 Y。

（3）对污水处理机理模型和数据模型分别给出对应的模型化最优运行管理调控方案均值，将两种运行管理调控方案进行简单的均值融合，融合方案表达为 $(X+Y)/2$。

10.3.2 加权平均值融合方案

加权平均值融合方案的步骤如下：

（1）以 M 时间内（$M=A$、B、$C\cdots$ 多段时间）的监测数据为基础，构建污水处理设施在 M 时间内的运行管理调控方案的置信区间，以专家经验和运维管理人员操作经验为参考，以 M 时间内的运行情况及数据为基础综合分析给出运行管理调控方案的置信度。

（2）基于活性污泥数学模型（ASM）构建污水厂模型，导入基础参数及 M 时间内的运行数据进行模拟、调优与验算，给出基于机理模型的最佳运行管理调控方案，并将方案结果与 M 时间内基于经验的运行优化调控方案对比，得到机理模型输出的最优值落于置信区间的概率为 a，定义该方案为 X。

（3）基于建立的数据模型，导入 M 时间内监测运行数据对数据模型进行训练和调优，在模型训练成熟后导入多时间段内（A、B、$C\cdots$）的进水数据、设备参数及基础数据进行运算与优化，得到基于数据模型的运行优化调控方案，对比 M 时间内基于经验的运行优化调控方案对比，得到数据模型输出的最优值落于置信区间的概率为 b，定义该方案为 Y。

（4）结合机理模型和数据模型在基于经验建立的运行管理调控方案中落于置信区间的概率，将两个方案乘以对应的概率值进行加权平均，融合方案表达为 $(aX+bY)/(a+b)$。

10.3.3 保守值融合方案

保守值融合运行方案的步骤如下：

（1）构建 M 时间内以事实监测运行数据为基础的污水厂运行管理调控方案库，并整合专家知识（专家经验、运维管理人员的操作经验等）对运行管理调控方案库进行优化和整理，形成专家方案库。

（2）基于 M 时间内生产运行数据库和机理模型构建污水厂运行模型，对 M 时间内的污水信息进行模拟和计算，给出不同状况下的运行管理调控方案，并运用高级试验功能对方案进行优化，将优化方案构建成为机理模型方案库。

（3）构建数据模型，基于 M 时间内的污水处理运行数据、设备信息及基础信息导入数据模型进行训练优化，在训练成熟后，导入 M 时间内的进水参数和基础参数，运用该数据模型进行模拟优化，得到各阶段的优化运行调控方案，并构建成数据模型方案库。

（4）基于进水水质信息、设备信息及实时监测数据信息等，整合专家方案库、机理模型方案库与数据库模型方案库，选择其正向输出调节较大（趋向于水质深度处理调节）、逆向输出调节较小（趋向于经济化参数调节）等能完全保证污水出水水质达标的运行管理调控方案。

10.3.4 $f(x,\theta)$ 融合方案

$f(x,\theta)$ 融合方案

10.4 预案库方案

预案库是一种作为新型高级实验类型的参数运行调优方案的集合，可以在面对突发状况时或较大情景波动条件下，从预案库中快速找到最接近的处置方案，提高响应速度，节省决策时间。预案库一般基于历史数据，利用数据模型或机理模型的高级实验（如局部敏感性分

析、全局敏感性分析、参数表估计和不确定性分析）等功能，对污水处理厂的运行数据传输经过模型分析计算，以"黑箱"模型（经验模型）、PDCA模型（污水厂绩效评估模型）、能耗模型（污水厂能源损耗模型）、MCDA模型（污水进水BOD预测模型）等的输出结果作为污水厂优化运行的预案，形成预案库，并部分整合专家经验形成新的预案库[92]。

借助数据模型或机理模型，根据已有的历史数据和实测数据，计算和模拟各种可预期工况下的运行结果。对污水处理中常见指标（氨氮、DO、T、pH、ORP等），在其可预期的常规范围内划分指标梯度，逐一组合得到不同的进水条件和外部环境条件，进而利用机理模型或数据模型对其逐一模拟计算，并将每一个工况下的计算结果综合对比，在出水水质达标前提下以能耗最低为标准，筛选出最优运行结果，进而汇总形成各种可预期工况下的优化运行预案库。为应对水质和环境变化，提高污水处理过程响应速度，实现污水处理设施精细、准确、及时的智能管理，探索将已构建的各种可预期工况下的优化运行预案库在线化方案，当进水水质或外部条件（如温度）发生变化时，可通过采取该工况下计算最优的工艺运行方案或及时调整工艺运行参数，确保系统运行的稳定性和可靠性。

在线预案库的优点：

（1）在自动化和智能化之间的过渡阶段可以发挥作用。

（2）缩短调控的滞后性，省掉模型计算时间。

（3）意外情况下可以临时运行：在本地控制中心和云服务器上同步储存预案库，即便在断网情况下，也可以确保工艺正常运行，在探头损坏或更换时，数据缺省情况下也可以使用；预案库的预案调取频次记录，优先使用频率最高的预案。

（4）解决辅助决策问题：目前的运行策略无法直接施加到工艺上进行运行（对计算结果不信任，担心运行异常，出水水质不达标），一般采用计算机生成决策，人工决定是否采纳或采纳哪一个，这只是辅助决策，无法自动决策，更无法达到智能决策。采用预案库，可以解决辅助决策问题（这些决策已经过人工审核，均是在正常操作范围内的，可避免出现极端情形），可以实现自动决策。图10-3所示为基于云端大脑的预案库智能管理方案。

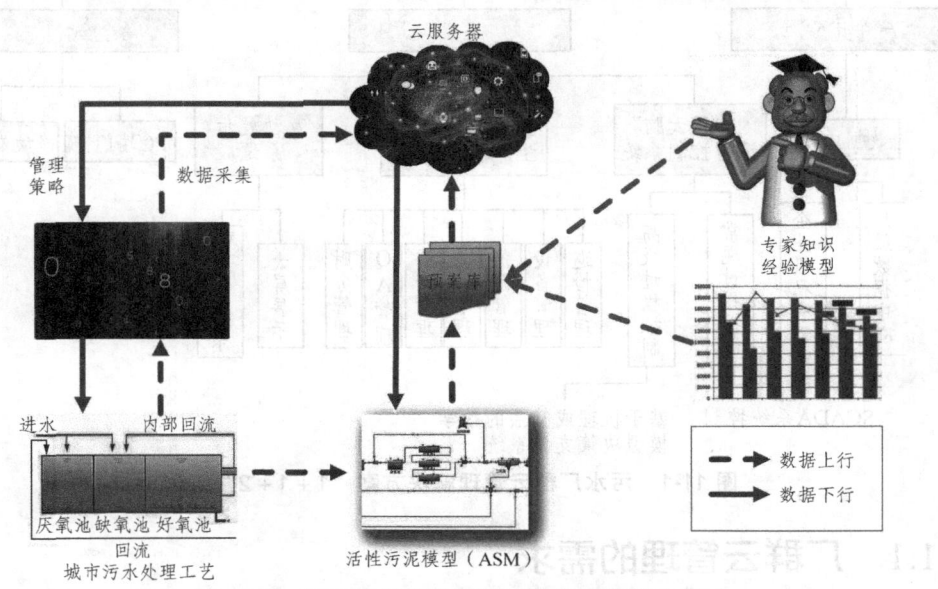

图10-3　基于云端大脑的预案库智能管理方案

[注：数据上行表示数据传输至云端大脑（云服务器）；数据下行表示策略由云端大脑传输至模型及污水厂]

11 污水处理厂群云管理解决方案

近年来随着污水行业的"蛋糕"越做越大,污水厂之间开展合作与信息交流的"蛋糕共享"模式已经成为主流。应政府工作报告中深化大数据、人工智能等研发应用,壮大数字经济,加快在各行各业推进"互联网+"的要求,结合污水厂对保水质、降成本、抗风险的需求,加深污水厂之间的合作交流,确保每个污水厂能实现"五个自主"(即自主采集、自主分析、自主决策、自主执行和自主交往学习)的目标,构建污水厂群云管理成为必然趋势。

厂群云管理的原理是:基于现有工艺将污水厂群对接云平台管理,集地理定位、数据采集、数据存储、数据传输和反馈控制五位一体,通过收集的数据和构建的水处理模型,实现对污水处理装备群的远程、智慧、集中管理;同时整合多点源数据,构建数据库,更有利于模型分析和优化,提高已有污水处理设备的运维效率,指导待建污水处理设备的设计和运行。

污水厂群云管理方案的解决思路为"1+1+2"工程,如图 11-1 所示。

一个中心:即一个数据中心,将从污水厂群收集到的数据整理构成一个数据库,包含厂级数据和企业或厂群级数据。

一个平台:即基于厂群基础构建一个厂群云管理平台,包括"智慧大脑"运行控制系统、基于可视化的生产管理及互动展示平台。

两大门户:即构建 PC 端和移动端门户。

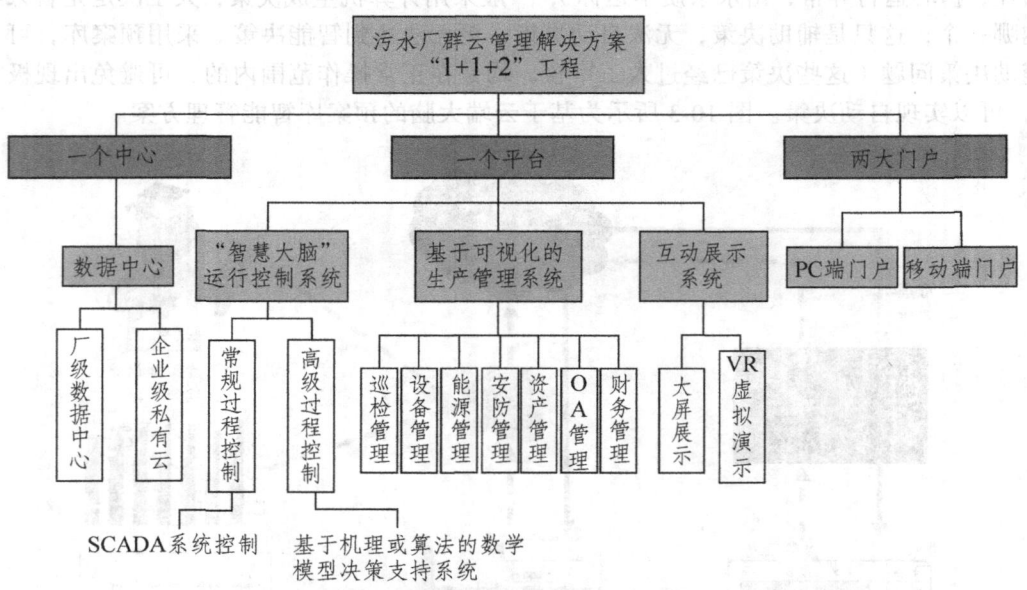

图 11-1 污水厂群云管理解决方案"1+1+2"工程

11.1 厂群云管理的需求

水务行业、环保装备行业作为工业和后工业时代的传统行业之一,在数十年缓慢发展过程中，逐渐暴露能耗大、管理严重依赖人工、厂网分散导致的运维困难等问题，且水污染等严重影响公共安全的事件频繁发生。随着 GIS、物联网、通信、大数据等技术的飞速发展，城市水系统模拟仿真的基础条件逐步具备，国外先进的水务公司在模拟技术上均取得了较大的突破。但是在实际的行业应用中，这些技术因为对水务企业的数据、人员等有过高的技术门槛和要求，导致实际的效果大打折扣，应用面仅限于较大尺度的水系统。而对于分散的、点源治理为主的处理厂站系统，上述技术尚存较多应用空白；另一方面，水品质提升的生产过程，其工艺原理也使其参数复杂度较高，需要智能制造为其全生产过程提供服务。

随着污水厂监管力度的加深与管理理念的提升，污水厂对管理水平的提升产生更高的需求，污水厂不仅要有设备硬件、参数及人员管控等"硬实力"，还需要拥有从根源上掌控污水处理结果的"软手段"。因而需要云平台整合智能管理解决方案，充分利用数据模型和机理模型来实现远程、集中、智能管理。近年来部分大型污水处理厂已经开始建设云管理平台，实现远程监测，但尚未实现远程管控。诸多云平台的建设，看似百花齐放，实则造成建设成本的浪费，给政府监管和统筹协调造成障碍，在深层次运用层面依然存在一定的挑战。而污水处理厂群的统一管理平台本身就具备扩展能力，可实现厂群管理、在线云监控与云平台辅助决策，跨厂数据综合分析等功能。

11.1.1　污水处理行业的发展现状及竞争格局

污水处理行业的发展现状及竞争格局

11.1.2　厂群云管理建设的必要性

根据环境保护部公布的 2014 年全国城镇污水处理设施名单显示，在全国投运的 4 436 座污水处理设施中污水处理设施日处理量小于 5 万 t 的约占 85.7%，日处理量大于 5 万 t 的污水厂仅占 14.3%，如图 11-3 所示。

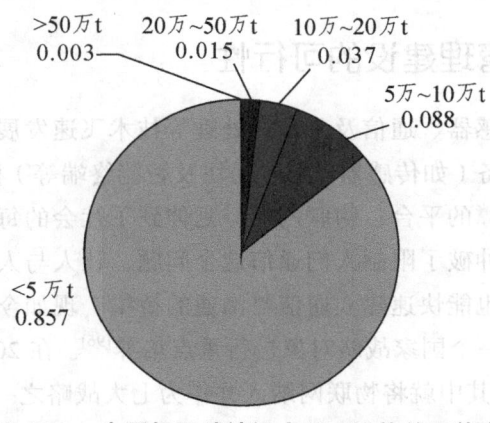

图 11-3　全国投运城镇污水处理设施处理能力

同时，使用的工艺 AAO、氧化沟、CASS 及 A/O 占全国污水总处理设施的 56%，这 4 种工艺不仅使用污水厂多（见图 11-4），而且工艺运用成熟。在污水处理过程中虽然在运营管理上每个污水厂都有自己的管理运营方式，但是依然存在互相交流经验和污水处理过程精准控制以保证出水率和节约能耗的需求，污水厂群云管理建设为污水厂的运行带来了新思路。

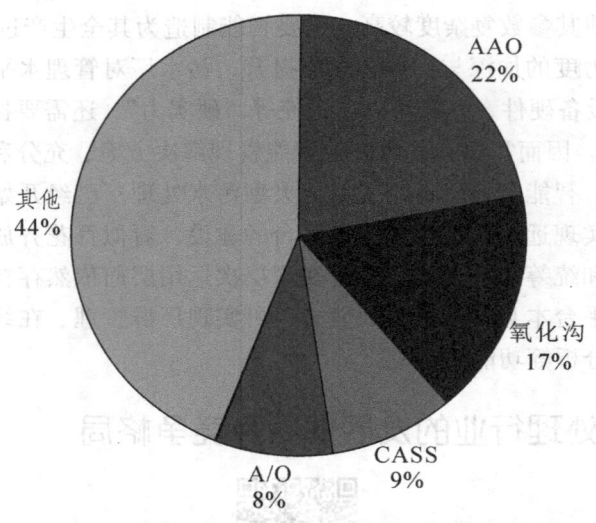

图 11-4　全国投运城镇污水处理设施使用工艺

首先，污水厂与云管理平台之间建立数据双向互通的通道，基于云端大脑的大数据模型、专家经验模型、机理模型等为污水厂提供最优运行策略。然后，根据集中管理不同污水厂进水水质情况，找到水质相同或相仿的污水厂分析，在污水处理工艺、设备管理上进行对比，以最优的运行管理策略进行共享，提出整改方法；接着对比相同工艺污水厂不同的污水水质、水量之间的处理情况，设备运行与优化运行策略数据的综合处理，形成最佳管理模式，并将其运用和推广。最后，污水厂群云管理技术的在线化能产生许多大数据产品，如商业模式、产业政策、技术方向、产业需求等，为污水处理厂的管理和发展提供良好的契机。

11.1.3　厂群云管理建设的可行性

近年来，嵌入式、传感器、通信及分布式处理等技术飞速发展和应用，各类信息生成设备和射频通信的物联网设备（如传感器、射频模块及智能终端等）构成了一个基于实时感知、测量和监控等物理参数支撑的平台，物联网已经延伸到了社会的每个角落。这个云平台有着极高的价值，它不仅彻底冲破了限制人们通信这个问题，让人与人、人与物的沟通交流变得简单，并且在物与物之间也能快速建立通信与沟通的桥梁。现如今，欧洲、中国、日本、美国等国家都把云平台作为一个国家战略对象进行重点培养[96]。在 2010 年，国务院出台了《战略性新兴产业发展规划》，其中就将物联网纳入并作为七大战略之一的新兴产业。国家工信部出台物联网发展的计划，其中就明确指出需在农业、工业、家居、医疗、交通、电网、物流、环保及安防等多个领域投入大量人力、财力和物力来发展物联网。比如说广东省就积极开展了南方物联网框架的设计，与此同时我们的首都北京也开始建设"感知北京"的项目，物联网的大力发展对我国迈向智能化发展具有重要意义。云平台的发展水平已经上升为国家综合竞争力的体现。

物联网与云计算是两种互相交错同时又互相独立飞速发展的技术。云计算的特点是超大规模计算、虚拟化、高可靠性及优良的扩展性能，这些优势是物联网技术迈向智能化和规模化的技术基础需求。在云计算发展中衍生产品"软件云化"是基于云计算网络为用户提供软件服务的应用模式，具有很高的灵活性和可扩展性[97]。云计算的高效率能为物联网技术提供良好的基础，同时物联网技术为云计算提供相应的数据支撑，互相弥补不足使得事物的动态管理与智能分析成为可能。

云平台构建能解决的问题：

（1）通过对比水处理远程监控平台，集中监控，分级分权限管理，快速响应，降低成本，减少能源消耗，采用先进的节能降耗控制技术，节能效率高，实现了真正的无人值守水处理项目。

（2）同一平台的接入，不仅能够统一管理各个项目。后期新项目建成后，可快捷方便接入，既可满足分站的实时监控，又可满足总站的集中管理；既避免了分站总站多套系统的重复建设，节约了成本，又避免了后期的统计数据"打架"，为最终决策提供更加统一和准确的数据。

（3）可集中监控各污水厂、泵站、水厂等部门。统筹管理各分布项目，有效地实现工艺处理的控制、诊断和统一调度。

（4）实时监测水处理厂的各类重要参数，实时记录包括进水流量等各种工艺的数据，替代岗位员工抄表、查岗等。节约人力开支，提高管理效率。

（5）可集中管理，也可进行散开式控制，这样能方便管理，减少部分运行成本，降低设备风险，保证设备与系统的安全可靠性。系统内配置调整灵活多变、参数控制弹性化，可以根据工艺的要求和用户的需求进行系统优化。

11.1.4 厂群云管理的应用价值

污水厂和企业在污水厂运行管理上各有千秋，但厂群云管理技术不仅发挥了各自的优势，还弥补了管理水平上的缺陷以及技术产品输出的空白。一方面，厂群云管理技术基于企业或污水厂的竞争核心考虑而构建，实现精细化管理过程[81]，为企业的管控提供科学的依据，能加强企业运行管理能力；接着以精细化管理监控为基础，将运行监测数据进行汇总与填报，经过专业的数据分析、管理并结合专家经验形成工艺仿真和专家支持的决策系统，增强企业或污水厂决策和分析能力；然后基于数据分析和仿真结果而构建的优化运行管理决策，可以为企业减少部分运行、管理及维护成本，使企业或污水厂其他业务有更多的资金可进行扩张，规范标准运营体系[98]。另一方面，基于厂群云管理的数据、技术及管理优势，可输出大数据产品，如商业模式、率定产业政策、前沿技术方向或提出产业需求（见图11-5）。

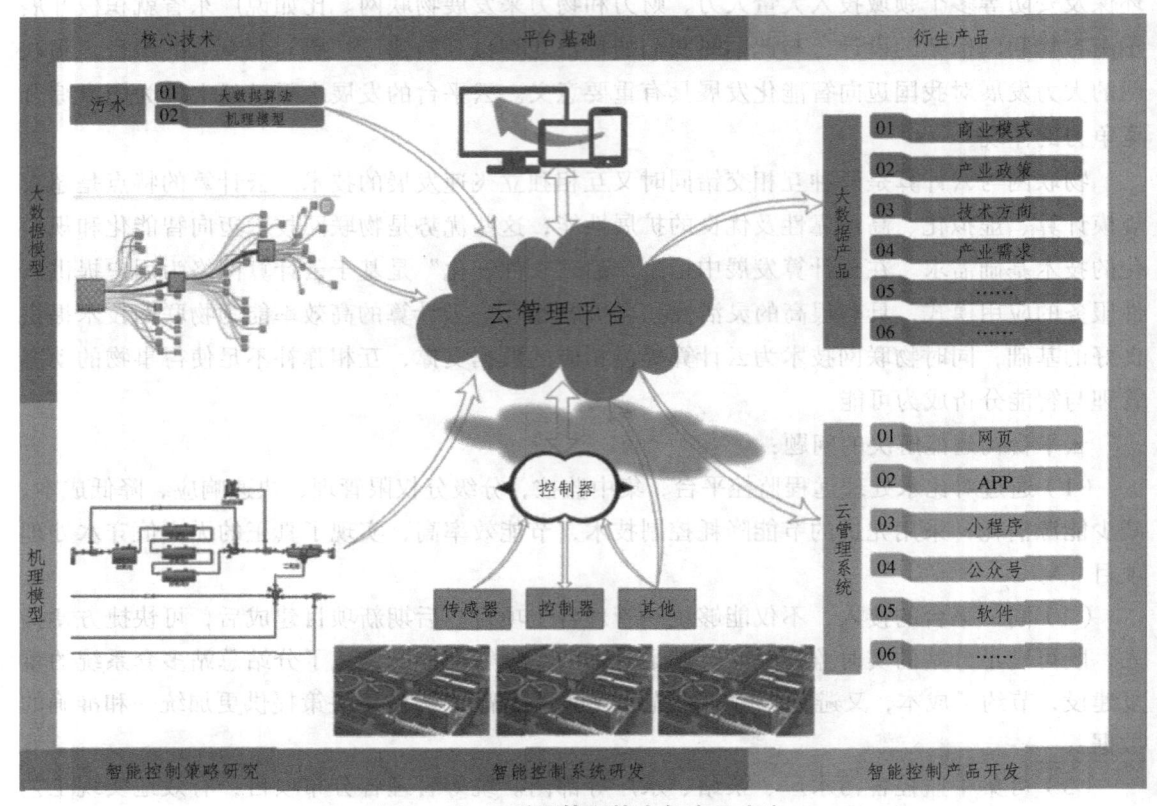

图 11-5 厂群云管理技术与产品产出

11.2 厂群云管理原理和技术

11.2.1 厂群云管理基本原理

针对污水厂群特征，基于水量、溶解氧和温度等实用化状态监测技术及基础平台，结合设备运行状态，在不同性质与不同尺度下的工艺运行参数等数据，开发基于运行状态演进的跨尺度废水装备云监测模型，运用云管理技术对污水处理设备群进行有效的远程监测与管理。在线监控信息系统总体结构采用 B/S、C/S 网络混连式网络结构体系，在厂级之间增加 VPN 或者专线，并以 GIS 技术为中心，将 GIS 模块、故障预警系统、工艺运行工况、水质水量等参数模块集成构建智慧水务工业云监测平台，建立 ABC（APP、浏览器、客户端）人机交互模式，可实现数据查询、历史数据下载、大数据分析、设备故障预警和报表管理等功能，并通过 RBAC 技术控制访问权限。

11.2.2 厂群云管理建设目标

厂群云管理基于企业或污水厂设施装置定位、实时数据采集、数据存储构建云管理服务平台，可实现企业或污水厂第三方运营、政府监管及公众知情等服务（见图 11-6）。

图 11-6 厂群云管理平台服务内容

厂群云管理技术建设实现的目标主要有以下几个方面：

（1）厂群实时运维管控（见图 11-7）：污水厂群云管理的建设集中体现在从厂群工艺流程、设备运行参数、生产指标及多维可视化监控等方面对厂群集中控制，采用"云端-终端"的控制模式，操作人员可以使用 PC、手机和平板等移动终端对污水厂站点的实时运行情况进行了解，构建污水厂站点可视、可控、便管的运维管控机制。

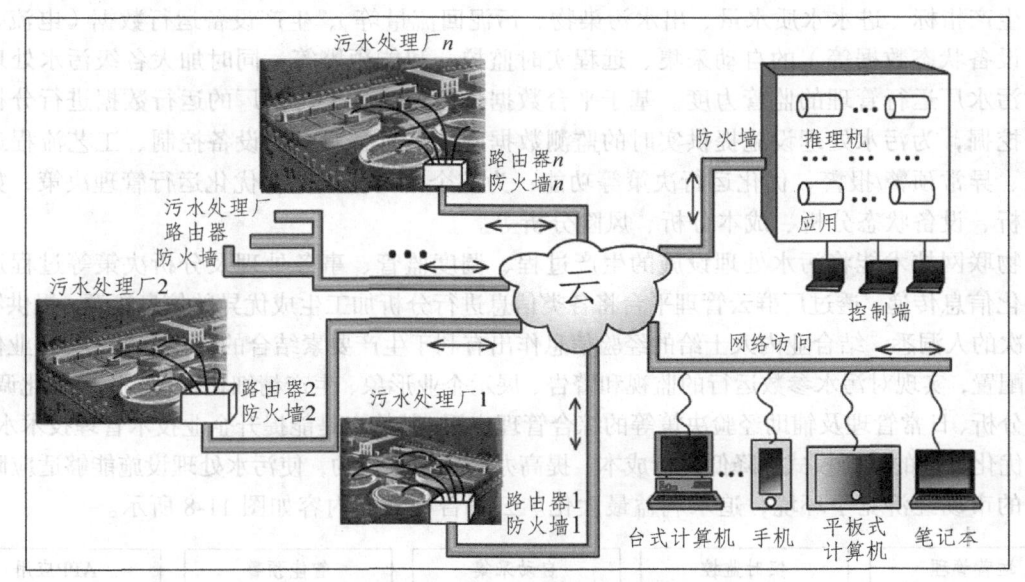

图 11-7 厂群运维管控示意图

（2）实现安全经济生产：通过污水处理设施建设的监测点位和厂区巡检助手，满足对生产厂区的生产工艺经济生产过程调整和持续监测、工单运维管理、生产安全隐患的排除等需求。基于互联网的优势构建移动端巡检、管控 APP，实现生产需求分析、计划制订、工单派发、安全管控等功能，并能对工单的执行情况予以跟踪和考核，提高经济生产运行的管控水平，以保障生产安全。

（3）在线资产管理与设备运维养护：在厂群云管理上建立基于等级评价的设备管理模式，为云管理下污水厂的每一台设备建立全生命周期的设备台账，并制定对应的养护技术方案，根据养护时间智能提醒运维人员对设备进行定期维护，以延长设备的使用寿命时间，降低有效的养护成本。基于对设备的监测可以在移动端实现对设备历史生命数据、实时数据的查询，为现场运维提供指导和参考。

（4）把控出水水质安全：用云管理系统对厂群污水处理设施统一制订水质检测计划，根据时间节点智能提醒检测人员对污水水样进行抽检、采样、化验及结果填报，同时满足非计划性水样的监测分析结果汇总计算等需求，确保出水水质可控、可查。

（5）基础数据多维度分析：厂群云管理技术还应具备对多维数据查询和分析的能力，并能运用采集的数据集合水处理行业经验或模型分析数据之间的内在联系，挖掘数据价值，为厂群云管理者提供优化运行管理的决策。

数据分析平台的结构为：流程监控、基础信息、运行情况、实时数据、工艺设备、通信记录、报警记录、强检记录等。

11.2.3　厂群云管理技术与方案

厂群云管理技术方案构建的整体为：基于厂群云管理平台载入集团公司下属厂、分公司等污水处理设施，以物联网作为基础纽带连接污水处理设施设备及检测数据传输至云平台，实现整个厂群云管理集团公司的管理全数字化、虚拟化、集约化及智能化的目标，把控关键技术生产指标（进水水质水量、出水污染物、污泥回流量等）、生产设备运行数据（电流、电压、设备状态数据等）的自动采集、远程实时监控、智能预警等，同时加大各级污水处理人员对污水厂运行管理的监管力度。基于平台数据优势，对各个污水厂的运行数据进行分析和数据挖掘，为污水处理设施提供实时的监测数据，同时具备对全厂设备控制、工艺流程运行模拟、异常预警/报警、优化运行决策等功能；为整个公司提供综合优化运行管理决策，如工艺分析、设备状态分析、成本分析、风险分析等。

物联网技术能将污水处理设施的生产过程、调度监管、事务处理及分析决策等过程进行数字化信息传递，透过厂群云管理平台将各类信息进行分析加工生成优异的信息资源，提供给各个层次的人洞悉，结合业内人士给的经验信息作出有利于生产要素结合的优化决策，为企业优化资源配置，实现对污水参数运行的监视和警告、展示企业形象、生产精细化管理、生产优化调度、成本分析、日常管理及辅助经验决策等的综合管理应用。其特点是能提升企业技术管理技术水平，达到优化管理的运行模式、降低运行成本、提高办公效率等目的，使污水处理设施能够适应瞬息万变的市场经济竞争环境，追求利益最大化。云平台构建的内容如图11-8所示。

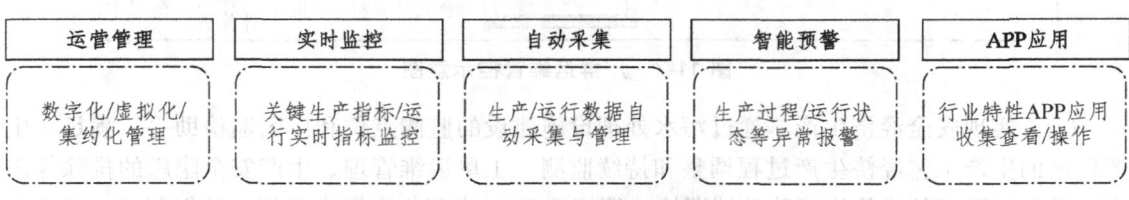

图11-8　云平台构建的大体内容

构建感知层体系结构。感知层的建立是以物联网构架为基础，其感知的内容包括污水处理厂及泵站的在线检测仪表、设备、自动控制系统等。感知层的建设是污水厂运用的自动控制系统，通过强大的数据传输协议进行转换，在不影响正常的生产运行状态下，完成对各类通信接口、传输协议之间的数据转换，通过PLC及驱动器之间的数据通信功能，实现PLC和驱动器收集生产运行数据，最终形成完善的感知层[99]。

构建网络层结构体系。应用先进的5G网络技术融合互联网，以建立感知层体系为基础，构建网络层体系，以实现集团公司对下属厂、分公司及各层级关键监测数据、设备参数的采集实时传输到厂群云管理系统，并对数据进行存储、分析、维护及管理，以备后续综合分析使用。

构建运营管理层体系结构。运营管理应用层体系的构建是基于感知层和网络层构架基础，可以为生产运营管理者提供大量的污水厂、泵站的生产运行数据，能将系统数据进行深度挖掘，发现数据之间的联系，并合理分析和利用，使得物联网建设基础体系有意义。首先，该体系经过对感知层的数据进行分类、加工与分析，结合污水处理厂的运行监测点位的运行状况，实时数据对比分析，实现对污水厂水质超标情况的预警；其次，通过对数据的整理分析，构建污水厂或厂群数据报表，方便管理运维人员对日常运行情况的总结与分析；然后通过对日常分析化验数据、设备资产管理数据、办公审核等进行信息化管理，获取更加全面的运维管理数据；最后运用大数据分析模型对现有数据进行深入分析，得出最佳运行管理策略并指导污水厂生产管理预警、运行工艺模拟、调度优化分析、综合管理决策等，进而指导公司对工艺分析、设备分析、投资成本分析及风险分析等。

11.2.4 厂群云管理功能与说明

厂群云管理可实现的功能有远程监管、生产运营管理、资产设备管控与运维、安全生产管理、绩效考核管理、决策分析及综合管理。各个功能说明如下：

远程监管功能：基于下属污水厂群处理设施监测的生产运行数据、设备运行状态数据以及设备实施基础数据进行实时采集、远距离传输，设定监测数据的监测阈值报警，其报警方式可以通过灯光闪烁、声音、信息框的弹出及发送短信等直观参数进行超限度报警。同时在报警预警系统中融入报警状态参数和预警处理预案，使报警处理能够实现智能化，不完全依赖于人工操作，提高处理效率，减少事故发生率[100]。同时将实时采集的预警或报警数据与预案库进行对比分析，以曲线的方式直观展示数据波动发生情况，并可随时查看历史数据。

生产运营管理功能：以监测数据为基础构建数据审核机制，实现对数据填报的人为监管，保证数据的准确性。将数据填报融入周期提醒机制，以短信或电话等方式提醒试验数据检测人员对数据的填报进行管理，实现对厂群运行数据的统计分析与报表生成，并简化数据库方便查询与数据分析，提高了工作效率和准确性。

资产设备管控与运维功能：对资产设备信息、养护、维修和审批、备用件及日志等参数构建设备台账，形成设备数字化管理。同时可以对设备设施的数据汇总分析，对设备运行状态预测管理。

水质化验数据记录功能：对定期水质检验分析与检测报告填写，以水质检测、水质报表、水质检测报告监测等业务工作，形成对水质各个环节的数据记录、汇总和分析等工作。

安全生产管理功能是：运用信息化管理手段，建立健全生产运行应急预案、建立运行管理规章制度、规范操作规程等安全生产管理制度，并建立应急预案演练、行为规范整改及信息跟踪模块，实现规范的水务安全运行管理体系，将安全生产的意识贯彻落实到生产者、管理者和经营决策者，提高各个级别人员的安全意识，明确权利与责任、保障生产管理通畅顺利，从而减少水务行业的安全事故。

绩效考核管理功能是：对各个污水处理设施设置相应的考核指标，存储的污水厂监测点位的实时运行数据和历史数据，对数据分析判断对多类数据指标达标率进行考评，智能化的数据统计，并将考核结果进行汇总发送给云管理系统，同时将每个污水厂的考核绩效发送到对应的污水厂，辅助公司对污水厂运营管理方面作出决策。

决策分析管理功能是：根据现存储的运行参数及设施基础数据，调用数据库数据对生产工艺运行、设备状态、成本投入等进行分析，并通过曲线拟合和云计算功能的方式，实现对污水处理设施管理决策的优化。

厂群云管理系统平台能够涵盖多个污水处理厂，可以按照不同分类要求对污水厂进行分类（如地域、工艺、水质水量等），使得污水厂之间数据并行传输，不会产生数据交叉，同时又可汇流使数据下行，为污水处理厂之间相似信息的管理方式提供参照。

11.3 厂群云管理平台设计方案

11.3.1 厂群云管理平台设计原则

污水厂群云管理平台的设计基本原则是：符合国家或国际标准的基础上，着重体现云管理平台的稳定性、经济性、先进性、扩展性、实用性与安全性。

污水厂群云管理平台设计按照合国家或国际标准进行设计，其系统内的软件、硬件等均标准化设计，对用户提供开放式的平台管理窗口，污水厂群之间可以互联互通，设备设施及原料供应商与污水厂公司互联。

稳定性体现在数据上传端口提供自愿型服务接口，数据采集采用基于 Linux 操作系统下的专用硬件结构，保证系统运行的可靠性与稳定性，尤其是在环境背景较为复杂的、可靠性要求高及交互较为频繁的环境中运行。厂群云管理平台采用专业级人士开发的平台框架，其功能既能满足大数据的采集、存储与大数据分析，还能保证实时的数据访问需求。

经济性体现在将成熟经济的监控设备设施成功运用于污水处理行业，减少了试错的成本和平台建设的投资，具有较高的性价比。

先进性体现在厂群云管理平台的建设基于生态组件的设计理念，设计构建形成一个通用型的云管理平台，解决了设备管理、数据采集、现场监控、云计算数据分析及移动端 APP 运维管理之间的互存矛盾。

厂群云管理系统设置有扩展功能，其良好的扩展性使其满足了现代化、智能化的管控要求。根据用户端的需求可在云管理系统上创建公司定制开发和使用，创建属于个性化的环境。同时还能充分利用现有的网络资源和相关的配置进行资源整合，方便平台扩建，平台的服务器具备扩展性和堆叠能力，便于不同配置资源的整合与平台扩建，使系统具有很强的韧性与扩展能力。

实用性体现在以在线实时监测的数据为基础，基于大数据和机理模型分析，对实时的监控数据给出最优的运行分析策略，同时满足了用户对污水厂的远程实时监控、实时控制与远程预警机制的需求。

安全性问题尤其是数据安全是污水厂群云管理系统平台对用户和自身承诺与信用的保证，其安全性分为信息安全与数据安全。

（1）信息安全：对所用设备设施的配置信息、管理日志及存储信息等均放在数据库中心，对数据库多重加密，使信息分级存储。

（2）数据安全：云管理平台对设备设施运行数据及云计算分析结果数据进行分级别、多分布式的存储，使数据不容易受到破坏。数据的传输使用加密传输（如AES）机制，保证数据在网络传输时的安全性能，确保数据不会被截获、篡改或利用。

（3）分级授权：厂群云管理系统是对下属的管理员进行分级别的功能应用、访问权限控制，对下属管理员操作机构进行权限管理。

11.3.2 厂群站点远程可视化管理

污水厂群云管理平台设计实现站点可视化管理功能包含：监测数据可视化，提高数据处理和利用效率；提高各级别污水厂的环境监测、管理方式，管理手段、现场操作和应急处理能力，能为污水厂污染物处理和排放提供科学依据，促进污水处理可视化和透明化；提供社会公共交互界面，提供污水厂实时进出水数据的发布、查询、反馈及投诉渠道，优化污水厂管理调度方案，增强管理工作的可视化、规范化、程序化、系统化、社会化和高效率，推动污水厂的智慧运行；检测结果要符合国家标准，按照不同的检测结果予以不同的解决方案。

站点可视化界面管理实现的基础系统构架设计采用B/S结构，其系统功能的实现是将核心部分集中在服务器上，方便用户对云管理的运维和使用，根据系统的功能需求大致可以分为网络平台层、数据资源层、Web服务器层、业务层四层次业务架构[101]。

网络平台层：采用普通的Web浏览器访问WebGIS站点。

数据资源层：从污水厂监测点位与设备设施获取监测数据，构建数据资源库。

Web服务器层：云管理平台系统基于Windows或Linux系统运行，并且系统需要安装有Tomcat或WebSphere等服务器。其最主要作用是收集客户端传输来的各类GIS请求，并处理请求与数据服务器的界面交互。

数据层：数据层界面包含实时生产运行数据、设备数据、地理数据及管理数据等，并对这些数据进行存储和管理。

站点可视化管理实现的功能有：灵活的现场数据、地理数据和专业数据；高效而灵活的空间属性查询、空间网络分析、专题统计等专业GIS功能；快速运算的三维仿真与实景三维模拟计划互补，满足客户的不同应用需求；动态数据综合成图；提供基本的三维浏览功能——导航、飞行、缩放、定位、鹰眼、标注、图层控制等；根据数据库信息进行查询，将用户查询到的结果以图标形式显示在地图上；通过查询数据库，根据点序列进行画线，实现实时地图导航。

11.3.3 设备集中管理与智能养护

厂群运维管理平台对设备相关的管理和养护模块建设要做到投资设备信息化，同时设备经济效益评价信息化；设备使用信息数字化，不仅能保证维修质量和缩短维修时间，而且还能提高业务网络化，减少停机时间；构建设备零部件供应信息和价格库与零部件储备库，减少事故率和停机时间，能及时对故障进行诊断，提高维修率，从而定期向预知维修转变；减少维修费开支（包括标准件的采购、物流、替换安装过程），同时节约技术培训费用，拓展培训内容，增强培训效果。

该功能模块构建的基础构架如图11-9所示。

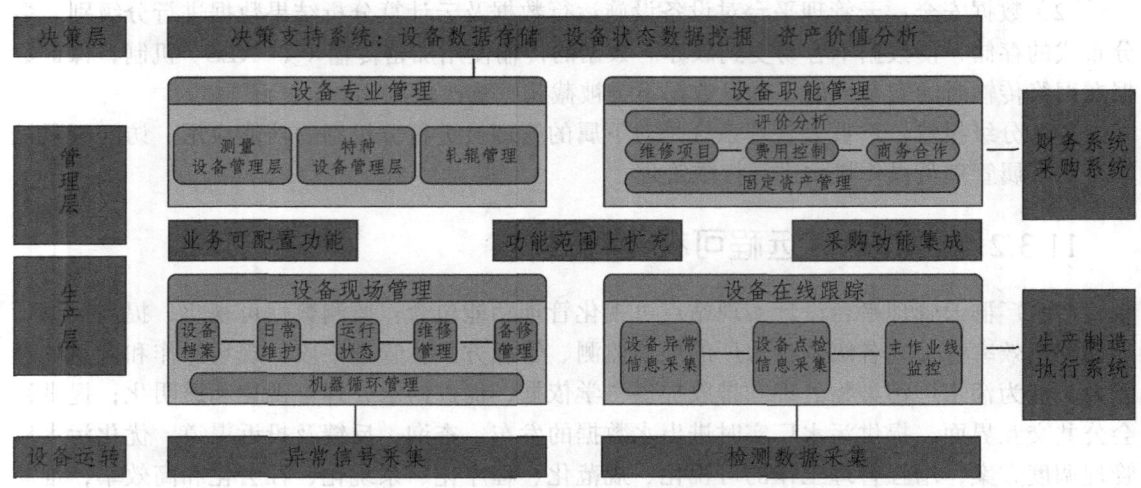

图11-9 设备集中管理原理

设备集中管理和智能养护模块不仅能储存设备及零部件的相关信息，同时还能对设备相关信息进行预测和预警。一方面，设备集中管护的系统能够评选优秀的设备管理模式，增加企业对设备设施中管理水平，同时能够推动设备设施管理流程的优化，并能够实现设备的规范化与精细化管理，提高企业的生产效率；接着能建立相应的设备设施数据管理库，建立信息共享机制，方便企业对数据查询、统计及分析，避免因为操作人员等造成资料缺失及数据篡改等，保障信息管理安全与稳定，然后提高对设备生命周期的把控程度，减少企业因为设备故障而引起的生产停滞，提高生产效率。另一方面，该系统能够整合和配置资源为企业提供运行管理决策，方便企业对人力资源、设备资金资源的管控，帮助企业实现资源利用最大化，提高维修工作的效率，并借助于信息管理系统与互联网技术来加强对监测点位设施工作的安全管控，全面跟踪设备设施的维护、维修与巡检等过程，帮助企业全面掌控设备设施生命周期内的实时状态，为企业的固定资产提供准确而又全面的维护信息；而且还能提供设备设施的预警机制，根据设施设定的预警规则，实现对设备采购、库存、使用及废弃的全生命周期的管理与预警；最后该系统还能根据现有设施基础信息及实时运行更新数据制定科学的绩效考核指标，通过数据软件的分析为企业经营管理决策者提供科学的依据。

11.3.4 厂群生产安全实时监控

厂群云管理要实现安全生产需要对污水处理过程进行实时监控，构建模块要实现的具体目标有：一方面，通过"无人值守"污水站智能化远程管理平台，实现自动检测；同时基于监测点位的监测相关数据对无人值守系统的开发，在生产管理经营上，以计算机的优势建立智能分析系统，将污水厂采集的实时监测点位数据与泵站传输的数据进行分析、比较与处理[102]，得到对各个工艺环节参数的自动评价体系，并能根据实况对控制设备制定设备设施控制方案，指导或直接对设备进行实况控制；同时通过多功能预警机制提醒操作技术人员，进行现场事故处理，保证各个环节污水处理能达标运行；然后基于云计算分析系统的分析与诊断，经PLC自动控制系统对污水处理设施现场设备进行故障识别与系统报警，根据系统发出的操作指令或者运维建议，提示操作人员对故障进行处理。同时自动化无人控制技术可以合理配置人力资源，降低人力的劳动负荷，大大降低安全危险系数、减少人工成本的投入。另一方面，监测系统要做到远程无人值守，需要完善可靠的基础自动控制系统和准确的监测点位数据；在实现远程网络监控的同时，需要为企业的管理提供便捷的数据共享、数据查询等功能，为污水厂的运行调度和决策管理提供很大的方便，并且保证了运行参数的优化，提高了管理水平；远程无人值守系统的开发能在企业的生产管理经营上实现节能降耗、提高劳动效率、污水出水水质达标等目的。该系统能实现远程管理无人值守，能为污水厂节约人力成本，为企业管理提供最优化的资源能源配置方案，利用优化调度运行，以实现节能、降耗、增效、利益创收等[103]。

厂群云管理生产安全与实时监控由数据监控、运行控制、报警管理、运维管理、发数据分析及权限管理等7个单元组成，其具体内容和功能如下：

数据监控单元：该单元的主要内容包含水质监测[进出水pH值、电导率、氨氮、溶解氧、浊度、化学需氧量（COD）、总磷（TP）、氯化物、挥发酚等物质的浓度]、水位监测（处理厂内接触池、初沉池、二沉池、气浮池等水池的水位）、设备监测（设备运行的电压、电流，水泵、格栅机、水处理设备等设备的工作状态）。

远程控制单元：其控制主要对象是格栅机、提升泵、鼓风机、加氯设备的启动、停止，通过远程控制开关、调节摄像头、远程下发设置参数、调节压力等。

报警管理单元：支持包括上下限越位、开关量变位、状态变化/不变化、通信故障、持续时间等多种类型；支持多端告警；自定义告警模板、等级、告警声音；可根据警情派发工单，及时处理警情，如数据越线、水质超标、水位异常、设备离线报警等。

运维管理单元：系统通过收集到的故障报警信息，按照告警信息准确地下达维修任务并精确到故障点，及时通知维修人员。

设备管理单元：建立设备台账管理机制，对关键和主要设备建立设备档案，提前保养提示，定时提醒超期未执行的计划、今日到期计划、明日到期计划、本月计划等。

大数据分析单元：基于进出水水质及污水处理过程监测数据，对数据多维分析，输出数据监管、预警及运维管理方案等大数据产品。

权限管理单元：配备人员和设备的权限管理，分为操作人员的基础权限和设备设施维修等管理的高级权限。

11.3.5　厂群设备经济运行

为保障厂群稳定运行与出水水质安全，设备设施选择以设备生产技术、价格与配套服务为指标，在满足设计处理量的裕量上，尽可能选择技术成熟、能耗低及经济效益好的设备，以提高企业生产效率。以厂群污水处理设备设施的处理环境、实际设备的使用寿命及保养周期等因素，选择耐用、安全性高的运行设备设施，防止出现意外及财产损失。需要对复杂程度高、维修难度大（如进水泵、风机、脱水机等）、配件配置时间长的设备做好防护和备件采购工作及生命周期的运维，确保污水厂生产运营的持续性；要明确污水处理设备设施的管理人员的职责，落实到个人管理养护，需要制订设备年检技术和配件采购计划等，并修改完善设备设施的管理与维修方案，对设备的选购、调控及报废进行生命周期的统一管理，同时对设备进行更新及改造升级。明确设备设施管理运行工作人员的职责，要求将设备设施的运行安全落实到责任人上，制定严格的交接班巡检制度，同时根据运行要求给工作人员制定相应的设备调度规程等；对污水处理设备设施的相关人员做好技术上的培训，关键设备运行操作与维护安排设备厂家售后服务人员进行专业培训，特别是要做好对设备的日常保养及基本故障判断和排除方面的培训，若设备出现严重故障应该及时通知设备供应商到现场及时解决。对设备相关说明书、安装资料及调试保修卡等进行档案规建，并安排相关人员保存管理。

污水厂设备要经济可靠运行需要建立合适的设备管理制度，明确操作人员职责，同时规范设备维护流程，储备合理的配件并完善管理机制。

合适的设备管理制度是，在污水厂处理设备设施引进时要对设备供应厂提供的设备技术操作难易程度、服务价格与商品保养等建立综合考量和跟踪，选择能满足日常生产需要且技术成熟的设备，延长设备的寿命。同时制定设备的维修和保养周期，选择耐用性更高的设备。另外，在设备使用时要考虑易损件的生产或采购周期、储备量等问题，避免因设备无法得到及时维修造成的生产停滞[104]。

明确操作人员职责是根据设备的运行使用规范对运维人员进行培训和考核，制定交接工作责任制度，划分好任务详情。相关的设备管理人员要针对具体设备制订更加详细的检修计划表，包括月表、季表及年度表；并能及时配合技术人员做好设备的检测、更新及维修等工作，对处理设备设施运行问题进行过程分析，对解决方案做好记录，从而建立一套完整的设备运行、维修及保养的档案记录，保持设备信息的完整性。

规范设备维护流程是对污水处理设备设施的各项指标在经过长期运行和使用后，不可避免地出现易损件的损坏和磨损情况，从而影响污水处理设备的工作效率和安全性，导致时常发生事故，这就需要管理部门的人员根据设备设施运行情况制定较为完善的维修和保养流程，确定检测时间。同时维检人员需要经常巡检，看设备是否存在机械上的故障，如螺钉松动、脱落等现象，并做好相应的保养。

储备合理配件是对易损件和消耗件进行定时的采购和清点，防止因为零部件的缺失而导致污水厂设备不能正常运行而影响正常生产。同时对存放时间较久的设备易损件进行定时的清理和更换，延长设备的全生命周期，同时建立相应的设备设施报表，提高配件的存储合理性，保障污水厂的日常运行需要。

管理机制的完善不仅体现在污水出水水质的保障，还能对设备生命周期起到正向的作用，而且还可以节能降耗，降低污水处理成本，此外还能对污水处理厂的运维人员起到监管和考核的作用。在操作人员的招聘过程中设定严格的考核机制，优先录取有操作经验和管理经验的人员从事技术操作工作，对进入污水厂的职员进行安全与技能培训。同时，建立健全岗位责任制度，根据员工的表现实施奖惩制度，例如，可以举办污水厂安全、技术及技能水平知识大赛，激励员工对安全引起高度的重视，调动工作人员的工作积极性。

第4篇 智慧水务应用现状与前景

2008年11月，IBM（国际商业机器公司）首次公开提出"智慧地球[105, 106]"这一概念，旨在通过信息技术的推广应用，将全球每个角落普遍连接形成"物联网"，然后运用大数据和云计算将"物联网"整合起来，将智慧之道广泛应用到人、自然、社会系统及组织，使整个人类能够更加精细和智能地生产和生活。随着电子信息技术的不断发展与完善，被公认的未来社会发展大趋势是世界朝着数字化、网络化和智能化的方向发展，而支撑"智慧地球"发展的物联网、云计算等关键技术，更是成为欧美发达国家规划本国发展"智慧地球"战略甚至是影响全球可持续发展的重点。2009年以来，北美、欧洲大部分地区及亚洲的日本和韩国等国家纷纷推出本国的物联网、云计算相关发展战略。

伴随"智慧地球"这一理念的诞生，"智慧城市[107]"的概念也随之出现，后来智慧水务[108, 109]、智慧交通[110]等概念也陆续被提出。人类的生产、生活都离不开水资源，我国淡水资源的总量居于世界第6位，但是人均淡水资源占有量远低于全球人均淡水资源的占有量（仅为全球人均水平的1/4）。随着我国人口的不断增长和经济的快速发展，对于各种自然资源尤其是淡水资源的需求不断增加，随之而来的水环境污染问题也日益加剧，发展智慧水务是缓解我国用水压力及高效治理水污染的一条重要途径。智慧水务主要应用在城市的智慧供水与智慧污水处理两方面。

12 智慧供水系统应用

智慧供水系统是城市智慧水务系统的核心子系统之一，而智慧供水系统的核心是运用物联网技术将整个供水网络进行统一监控与管理，即供水智能管理系统，使供水管理变得更为高效、安全。智慧供水系统是一个综合化供水信息化管理平台，可以将供水网络中的水源地、水厂、供水管网、用户等重要的供水、用水单元纳入全方位的监控和管理。总的来说，首先就是用不同监测位点的监控探头获得大量的数据（感知板块）；再运用物联网技术将得到的数据传输到人工智能管理平台（物联网板块）；然后人工智能管理平台依据某种机理模型或算法对获得的数据进行整理、分析，最后提出合理的解决方案或建议（人工智能板块）。

本章以唐山市水务信息化工程技术研究中心开发的智慧供水系统（见图12-1）为例，介绍智慧供水系统在城市水务管理中的实际应用。

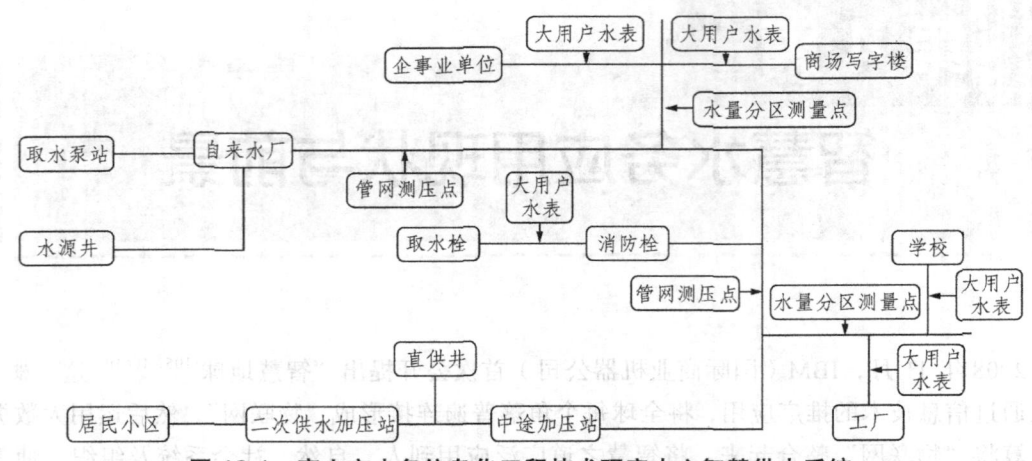

图 12-1　唐山市水务信息化工程技术研究中心智慧供水系统

12.1　水源地智能综合管理系统

水源地为城镇居民生活及公共服务用水提供水源，水源地安全保障至关重要，为避免水源地被意外污染，一般选择临近城镇的地表河流上游地区或山区作为水源地。城镇供水厂将水源地的源水输送至水厂需要取水泵站提供动力，为了方便管理与降低能耗，取水泵站一般设在水源地周围。为保证供水安全，需时常对泵站的设备进行维护，这就要求工作人员能在短时间内完成对设备的维护，给泵站设备的维护效率提出了更高的要求。因此，为提高设备维护效率，保障供水安全，水源地综合管理系统应运而生，该系统极大地提升了供水企业对水源地的管理水平。

12.1.1　水源井智能管理系统

与河流密布的南方地区相比，我国北部地区（如河北、内蒙古等省份）干旱少雨，地表河流稀少，加上冬季寒流的影响，导致地表河流极易被冻住，严重影响了沿岸居民的用水，因此在我国北部地区多采用水源井作为自来水厂的主要水源地。为了保护地下水不被过度开采，通常不会在一个地点设置多个水源井，分散分布是水源井的重要特点，这给水源井的有效管理带来了挑战。为了解决水源井管理难题，水务企业开发了水源井智能管理系统，以实现对水源井的高效管理。水源井智能管理系统在河北、北京等地均有应用，河北廊坊市某供水公司是一个成功应用水源井智能管理系统的典型案例。

12.1.1.1　系统应用

廊坊市某供水公司主要负责廊坊市城区 50 余万居民的生产、生活用水，该公司的设计供水能力为 8.3 万 m^3/d，日均供水 7.4 万 m^3。该公司的三座自来水厂水源由 64 口不同的水源井进行供给，水源井分散分布在距自来水公司远近不一的位置。为方便对水源井管理，该公司引进了一套水源井智能管理系统。通过该系统，廊坊市清泉供水公司实现了远程控制水泵的启停，能对水源井设备的运行状态及参数实时远程监控，无须派遣相关技术人员对水源地实时监测，完全实现了水源井的无人化、智能化管理，大幅度降低了管理成本，是水源井智能管理系统成功应用的一个典型案例。

12.1.1.2 系统组成

水源井智能管理系统的组成如图 12-2 所示,主要运用 GPRS 技术(GPRS 是在现有的 GSM 网络基础上叠加了一个新的网络,同时在网络上增加一些硬件设备和软件升级,形成了一个新的网络实体,提供端到端的、广域的无线 IP 连接)与 CDMA 技术[111](CDMA 技术又称码分多址技术,是在无线通信上使用的技术,CDMA 允许所有的使用者同时使用全部频带,并且把其他使用者发出的信号视为杂信,可以完全不用考虑信号碰撞的问题)将水源井监控设备的数据经网络传至水源监控中心。

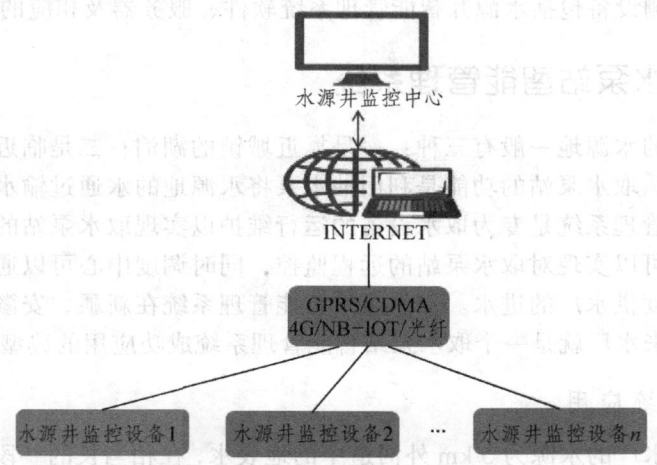

图 12-2 水源井智能管理系统的组成

12.1.1.3 系统功能

水源井智能管理系统具有远程监测、水泵控制、故障警报、安防监控、统计分析、远程维护等 6 项功能。

1. 远程监测功能

远程监测主要包括对水源井的水位、出水压力、出水流量及泵在运行过程中的电压、电流、状态和能耗进行监测。

2. 水泵控制功能

水泵控制主要是远程自动控制及现场巡逻手动控制泵的启停。

3. 故障警报功能

故障警报包括以下三个方面:一是欠压、欠流、过压、过流警报;二是水源井的水位与压力的超限警报;三是设备故障警报。

4. 安防监控功能

安防监控主要是利用监控摄像头的远程或自动拍照功能对进出本单位的人员进行实时监控和记录,并运用红外扫描对非法进入报警。

5. 统计分析功能

统计分析包含数据输出和数据分析两部分。水源井智能管理系统支持一键生成流量、能耗等相关数据,还能对水源井的水位、压力及出水流量进行智能化的分析。

6. 远程维护功能

远程维护功能包括对水源井设备参数进行远程设定或修改，对设备故障进行预判，以及对水源井智能管理系统的运行程序进行优化和升级。

12.1.1.4 主要设备

水源井智能管理系统的组成设备分为现场监测设备和控制中心监测设备。现场监测设备包括水源井监控设备、SIM卡、水位计、流量计、压力变送器、照相机或摄像头、红外报警器等。控制中心监测设备包括水源井智能管理系统软件、服务器及相应的数据库软件。

12.1.2 取水泵站智能管理系统

城镇自来水厂的水源地一般有三种：一是靠近城镇的湖泊；二是临近城镇的地表河流的上游；三是地下水。取水泵站的功能是利用抽水泵将水源地的水通过输水管道输送到自来水厂，取水泵站智能管理系统是专为取水设备的运行维护以实现取水泵站的无人化、智能化管理建立的，这样就可以实现对取水泵站的远程监控，同时调度中心可以通过远程调整泵站取水设备的参数来调度供水厂的进水。取水泵站智能管理系统在新疆、安徽等省份均有相应的应用，安徽省某自来水厂就是一个取水泵站智能管理系统成功应用的典型案例。

12.1.2.1 系统应用

安徽省某自来水厂的水源为5 km外河道中的地表水，在相当长的一段时间内一直采用人工值守的方式来管理河道取水泵站。该自来水厂的取水基本依靠人工手动完成，自来水厂蓄水池的水位高于或低于水厂规定的水位时，需要自来水厂调度中心的值守人员通过手持移动通信设备通知取水泵站的值守人员手动关闭或启动取水泵。依赖人工管理取水泵站烦琐不便且泵站的管理成本较高，不利于水厂的发展与运营。为了降低泵站的管理成本并提高取水效率，该自来水厂决定安装一套无人值守的远程取水智能控制系统，该系统如图12-3所示。

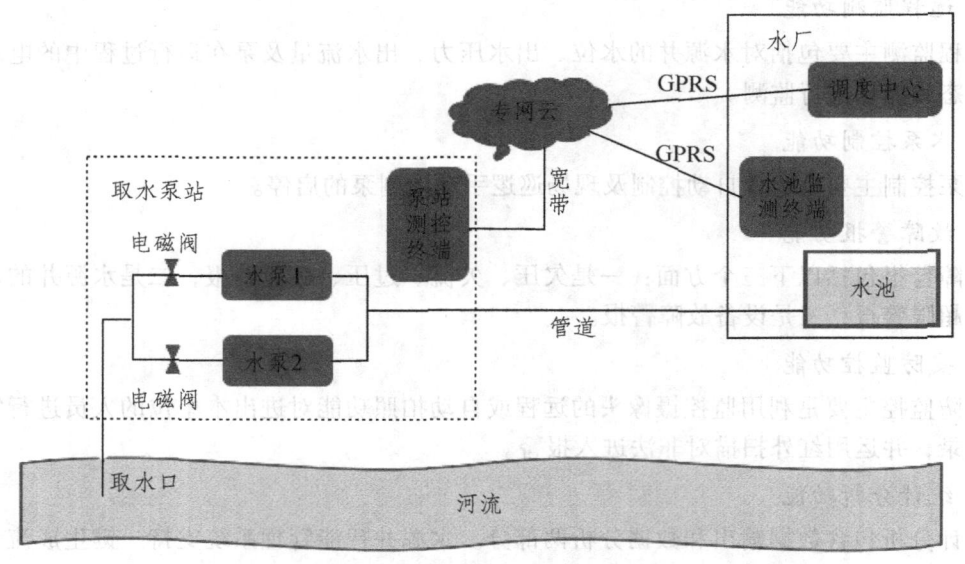

图 12-3 远程取水智能控制系统

远程取水智能控制系统实现了河道取水泵站的智能化运行与管理：当自来水厂的储水池水位高于上限或低于水位下限时，远程取水智能控制系统可依据水厂蓄水池的水位自动关停或启动取水泵站的水泵机组；当泵站的出水管道的压力到达输水管道所能承受的上限压力时，远程取水自动控制系统优先关停水泵机组，优先选择保护管道安全。此外，该系统可同时支持取水泵组的远程手动控制与远程自动控制两种远程控制模式，当系统出现异常或发生故障时，可及时进行人工干预。

12.1.2.2　系统功能

（1）监控功能：该系统能实时监测取水泵的电流、电压、磨损等运行状态，同时还能远程控制取水泵的启停及阀门的开度等。

（2）水质监测功能：该系统能实时监测水源地源水的pH、SS等水质指标。

（3）自动报警功能：取水泵运行异常时自动报警并控制取水泵的启/停，以保护取水泵；该系统还支持外来人员非法进入取水泵站时自动报警，并将所拍摄的图片或视频发送至监管中心。

（4）自动存储功能：该系统监测终端和监控中心均能自动保存历史数据，以防数据意外丢失。

12.1.2.3　主要设备

取水泵站智能管理系统的组成设备分为监控现场设备和控制中心设备。监控现场设备主要有取水泵站智能管理终端、SIM卡、电能表、水位计、流量计、压力变送器、取水泵组控制柜、污水泵控制箱、工业照相机或摄像头、红外报警器、浊度在线分析仪等；控制中心设备主要有取水泵站智能管理系统软件、数据库软件和服务器硬件设备。

12.2　水厂智能管理系统

水厂智能管理系统可用于供水企业对水厂实现智能管理。水厂操作人员可在水厂控制室远程监测厂内储水池水位、进厂流量、出厂流量、出厂压力、出厂水质等关键信息；远程监测加压泵组、配电设备及其他自动化设备的运行状态；远程控制加压泵组的启/停。水厂调度中心的工作人员及公司主管领导可远程监测各水厂的工作情况及水厂操作人员的操作情况。该系统在河北、四川等地均有应用，承德市张百湾镇某供水厂就是水厂智能管理系统成功应用的典型案例。

12.2.1　系统应用

承德市张百湾镇某供水工程的工艺流程如图12-4所示。

该水厂周边建有5口水源井且均布在水厂600 m范围内，通过两条输水管道向水厂集中供水。水厂进水端的两条输水管道的进口安装有流量计和电动阀，监控中心可以远程控制电动阀门的启停，消毒（加药混凝、沉淀、过滤及消毒等操作）后将经过处理的水输送到两个蓄水池。消毒间内安装有在线水质监测设备，以便对进水水质进行实时监测；加药设备依据在线水质监测结果自动向供水管道内加药，对进水进行消毒处理。自来水厂的两个蓄水池上方均安装了超声波水位计,可实时监测蓄水池水位,当水位高于或低于水厂规定的水位时,监控中心能自动控制水厂进水端电动阀门的启/停。与蓄水池相邻的供水泵房内安装有变频加压泵,可灵活调整变频加压泵的转速、输出功率等参数,泵房内的变频加压泵和出口管道处安装的压力变送器联动操作可实现对外恒压供水。

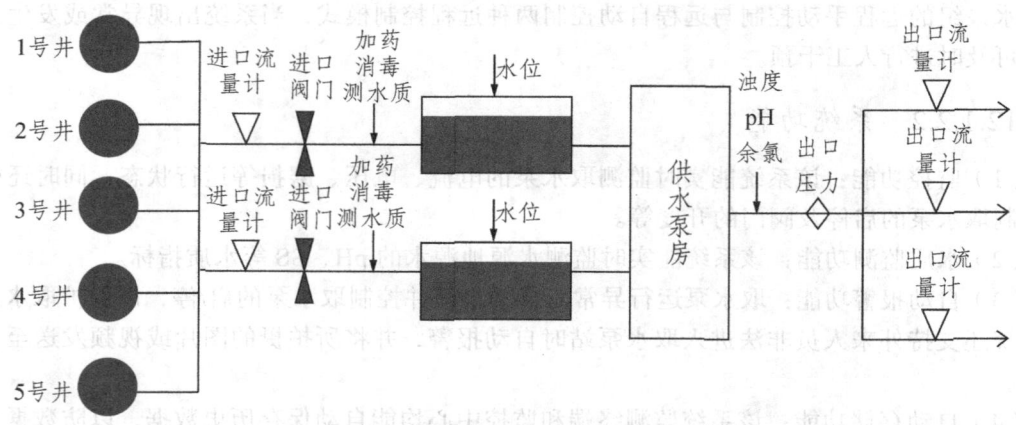

图 12-4　承德市张百湾镇某供水工程的工艺流程

12.2.2　系统组成

水厂智能管理系统主要通过水源井测控终端、供水泵测控终端及加药设备测控终端这三个终端设备实现自来水厂的智能运行。水厂智能管理系统的组成如图 12-5 所示,该系统是通过水厂监控设备将水源取水、加药混凝、沉淀、过滤、消毒、加压出厂等过程的参数信息经过有/无线通信网络传至监控中心,监控中心也可以通过水厂监控设备调整水厂中各生产设备的参数以实现供水调度。

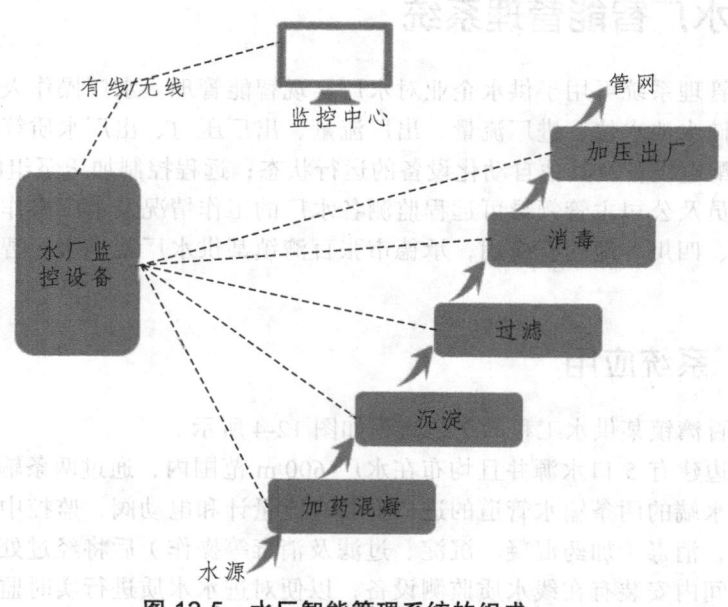

图 12-5　水厂智能管理系统的组成

12.2.3 系统功能

1. 远程监测

水厂智能管理系统可远程监测设备的电压、电流、频率、状态、控制方式等设备参数，同时还能够监测压力、流量、水位、阀门开度等工艺参数。

2. 自动控制

水厂智能管理系统可远程手动或者自动控制水泵的启/停及阀门的开度，可远程手动或者自动控制电动阀门的开关。

3. 传输网络

水厂智能管理系统可通过 ADSL、光纤、网线通信等有线网络进行视频实时监控；也可以通过 GPRS、CDMA、NB-IOT 等无线通信进行远程拍照。

4. 水质安防

水厂智能管理系统可实时在线监测水质余氯、pH、浊度等参数；也可以监测现场安防、设备巡检、现场环境等情况。

5. 报警功能

水厂智能管理系统可对设备故障及采集参量上下限进行报警；也支持红外监测非该单位人员闯入报警，并把报警照片自动上传。

6. 高级分析

水厂智能管理系统可分析采集数据，计算水泵能效，并且可提出设备改型的意见；可自动生成各种报表、曲线，提高办公效率。

12.2.4 设备配置

12.2.4.1 水源井

因为水源井均分布在水厂周边 600 m 范围内，故该水厂并没有建立一个独立的水源井智能管理系统。5 口水源井的水泵启动柜均安装在水厂配电室内，通过加装水源井监控终端从而实现对水源井的远程监测与远程控制。水源井测控终端可通过超声波液位计与电磁流量计采集水源井的水位和出口流量，实时获取取水泵的电流、电压等运行状态及取水泵的磨损、故障等情况，还可根据蓄水池的水位远程自动控制泵的启/停。

12.2.4.2 水厂消毒间

通过在配电室加装加药设备监控终端，实现对两条进水管道的流量、水质及进口电动阀、加药设备状态的在线监测。同时，该终端可根据进厂管道流量和出厂余氯值自动控制化料器、搅拌机、卸酸泵等加药设备的运行，并自动向管道内投加药剂。

12.2.4.3 供水泵房

供水泵组的启动柜也安装在配电室内，通过加装供水泵房监控终端，可实时监测蓄水池水位、加压泵组的运行参数及状态、出水压力和水质，并自动控制加压泵组的运行实现对外恒压供水。

12.3 供水管网智能管理系统

供水管网智能管理系统是针对包括从自来水厂出厂到用户端的整个供水管网的管理而建立的。该系统的子系统包括二次供水泵房智能管理系统、供水管网监控系统、供水管网漏损智能管理系统、消火栓及取水栓智能管理系统等 4 个子系统。该系统在山东、吉林、浙江、河北等省份均有相关的应用。

12.3.1 二次供水泵房智能管理系统

12.3.1.1 系统应用

二次供水泵房智能管理系统适用于住宅小区、宾馆、医院、学校、企业、商业综合体等所有二次供水泵房的新建、改造和管理，适用于自来水公司、工矿企业的智慧供水泵房，松原市某自来水公司就是一个成功应用二次供水泵房智能管理系统的典型案例。

鉴于该市的供水系统有提高供水效率及水质的需要，松原市某自来水公司对所属的 100 余处二次供水加压设施进行升级改造，以满足全市的供水需要。该公司引进了如图 12-6 所示的二次供水泵房智能管理系统，该系统能对二次加压泵站自来水的压力、流量及余氯指标进行实时监测，同时还能通过二次供水监控中心对二次泵站实施远程监控。

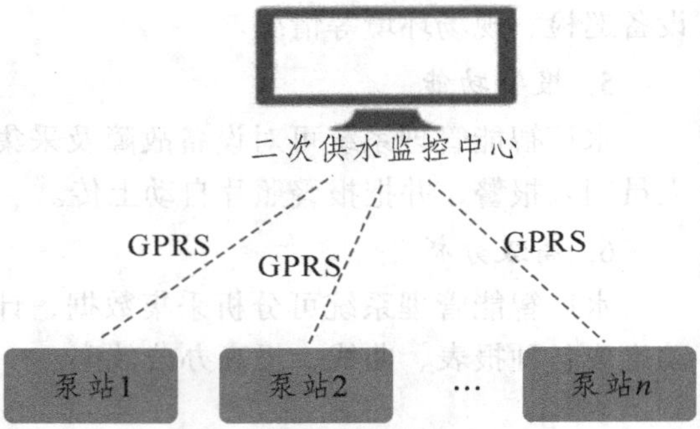

图 12-6 二次供水泵房智能管理系统

二次供水泵房智能管理系统现场设备的运行方式通常采用自动控制，有意外险情出现时可将自动控制模式紧急切换为手动控制模式，再由监控中心的值守人员远程手动控制二次加压水泵的启/停。二次加压泵站的加压设备运行出现异常时，二次供水监控中心的系统显示大屏上会自动弹出相关的报警信息，同时自动向二次加压泵站的相关管理人员的移动通信设备发送报警信息，使泵站的管理人员能及时赶到现场并排查故障，保障正常、安全供水。

12.3.1.2 系统组成

二次供水泵房远程监管系统的组成如图 12-7 所示，该系统由监控中心和泵房现场两部分组成。其中监控中心又包括二次供水泵房远程监管数据中心与监管软件两部分，二次供水泵房远程监管数据中心既可对接各厂家的二次供水设备，也可为二次供水泵房远程监管软件提供相关数据，从而实现监控中心对各个泵房的实时监测，实现实时控制。

1. 监管中心

二次供水泵房远程监管系统的监管中心（见图 12-8）通过二次供水泵房远程监管数据中心对二次供水泵房控制柜上传的各个系统的数据进行收集，再由监管软件对所得数据进行统计分析并发出控制指令，从而实现监管中心对该系统所管辖范围内所有二次供水泵房进行实时监测、实时控制。

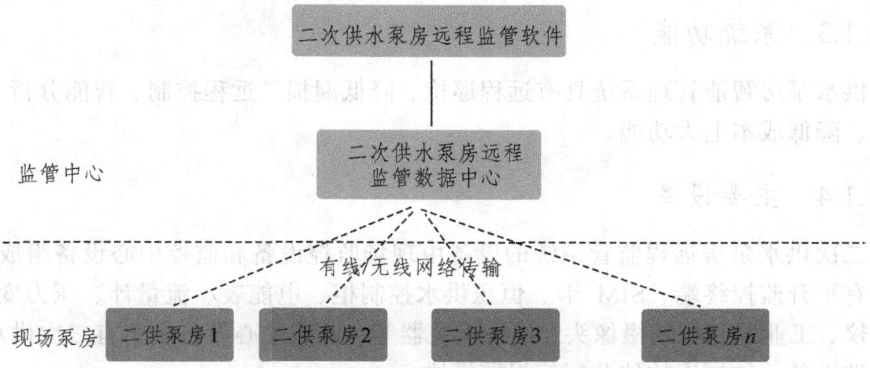

图 12-7 二次供水泵房远程监管系统

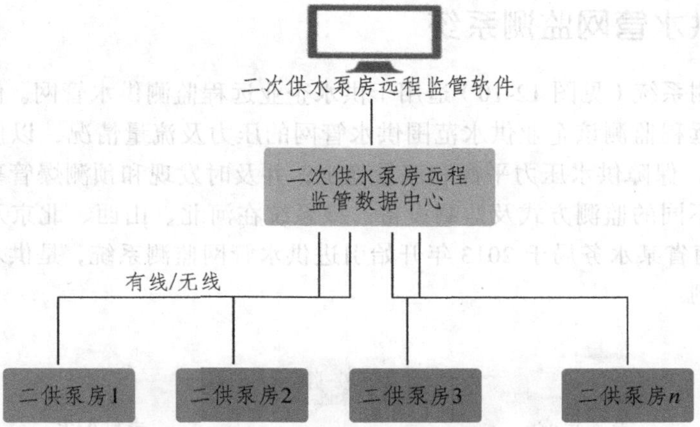

图 12-8 二次供水泵房远程监管系统监管中心

2. 现场泵房

二次供水泵房远程监管系统的现场泵房（见图 12-9）通过智能二次供水变频控制柜采集由供水设备机组传感器、视频安防、水质监测、能耗监测、流量监测、管网末梢压力监测、环境监测等子系统输出的数据信息并上传至二次供水泵房远程监管数据中心，并且能够对监管软件下发的指令信息进行接收、回应，对泵房内各个系统进行实时控制。

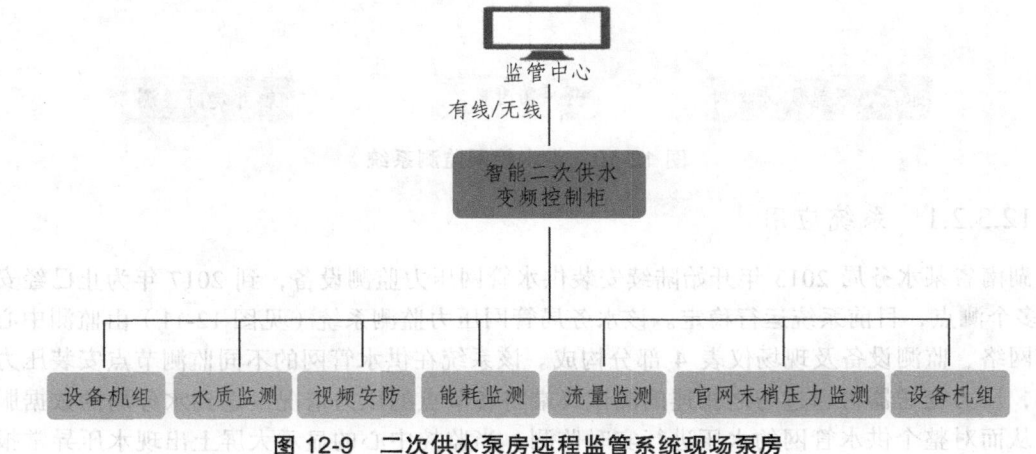

图 12-9 二次供水泵房远程监管系统现场泵房

12.3.1.3 系统功能

二次供水泵房智能管理系统具有远程巡检、降低漏损、远程控制、智能分析、统计报表、远程监测、降低成本七大功能。

12.3.1.4 主要设备

集成二次供水泵房远程监管系统的设备由现场监控设备和监控中心设备组成。现场监控设备主要有平升监控终端、SIM 卡、恒压供水控制柜、电能表、流量计、压力变送器、水质在线分析仪、工业照相机或摄像头、红外报警器等；监控中心设备主要有二次供水监控软件、服务器硬件设备、数据库软件及短信报警模块。

12.3.2 供水管网监测系统

供水管网监测系统（见图 12-10）适用于供水企业远程监测供水管网。供水调度人员在管网监测中心即可远程监测该企业供水范围供水管网的压力及流量情况，以便科学地指挥各水厂启/停供水设备，保障供水压力平衡和流量稳定，并及时发现和预测爆管事故。依据监测位点的不同可选择不同的监测方式及监测设备。该系统在河北、山西、北京及湖南等省市均有相应的应用，湖南省某水务局于 2013 年开始引进供水管网监测系统，是供水管网监测系统成功应用的典型案例。

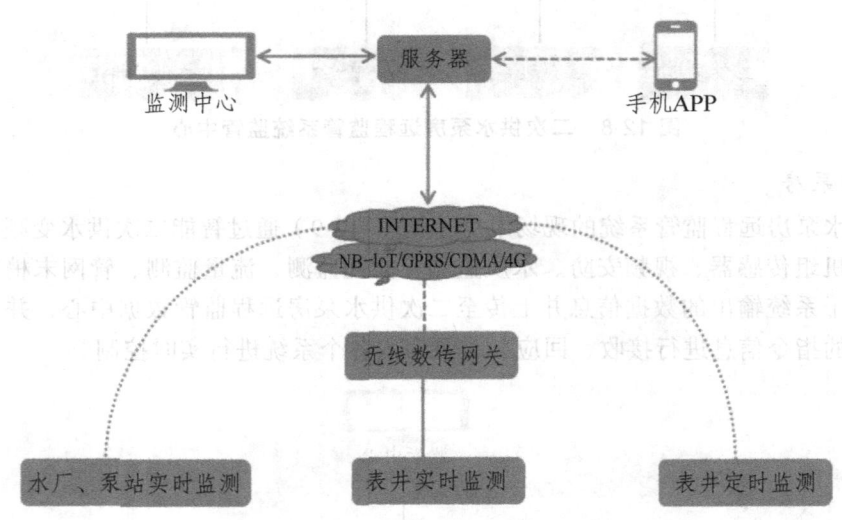

图 12-10　供水管网监测系统

12.3.2.1 系统应用

湖南省某水务局 2013 年开始陆续安装供水管网压力监测设备，到 2017 年为止已经安装 100 多个测点，目前系统运行稳定。该水务局管网压力监测系统（见图 12-11）由监测中心、通信网络、监测设备及现场仪表 4 部分构成。该系统在供水管网的不同监测节点安装压力变送器，压力变送器再通过与之相连的测试终端将各节点的压力情况发送到水务局的数据服务器，从而对整个供水管网的水压进行实时监测。当监控中心的显示大屏上出现水压异常报警时，监控中心的值守人员可以通过终端设备远程控制报警节点所在的压力变送器的启/停，从而对该节点的管网压力进行自动调节；监控中心也可以通过无线通信设备通知报警节点附近的管理人员前去手动调节或者维修。通过引进管网压力监测系统，该水务局实现了对供水管网的远程监控，提升了管理的效率。

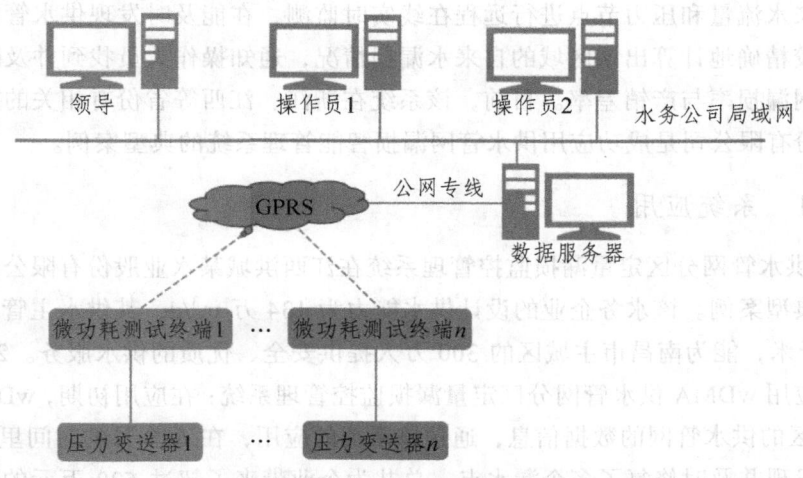

图 12-11　湖南省某水务局管网压力监测系统

12.3.2.2　监测方式和监测设备的选择

1. 测点位于水厂、泵站

位于水厂、泵站的测点可采用市电供电一体式监测设备，这种监测设备具有布线方便、GPRS 信号强等优点。市电供电一体式监测设备具有以下特点：① 实时性高，能够实时上报压力、流量等数据信息；② 能实时报警，在压力超限时自动报警；③ 安装维护方便，可实现远程维护及程序升级。

2. 测点在表井

当表井附近的路面可破坏、井外有足够空间安装监测设备并能够对设备供电时，可采用太阳能/市电供电一体式的监测设备；当表井周边不可破路、不可供电、井外可安装监测设备时，可采用电池＋太阳能/市电供电一体式监测设备；当表井周边不可破路、不可供电、井外不可安装监测设备时，可采用电池供电一体式监测设备。

12.3.2.3　系统功能及特点

管网监控系统拥有测点分布总览、最新数据监测、超限自动报警、数据曲线分析、智能数据统计、历史数据查询、用户信息管理及测点信息设置等功能。该系统有供电灵活、及时高效、远程维护、爆管预警等特点。

12.3.2.4　主要设备

管网监控系统可分为现场监测设备和监测中心设备。其中现场监测设备有一体式管网监测设备、SIM 卡、压力变送器、水表或流量计等；监测中心包括管网监控系统软件、服务器硬件设备、数据库软件及手机 APP 软件等。

12.3.3 供水管网漏损智能管理系统

供水管网漏损监测系统是破除制约城市供水企业快速发展的障碍，降低城市供水管网漏损概率及提高盈利效率的有效手段。供水管网漏损智能管理系统通过对各DMA（独立计量区域）内的自来水流量和压力节点进行远程在线实时监测，在能及时发现供水管网异常情况的同时，还能较精确地计算出该区域的自来水漏损情况，通知操作人员找到并及时处理漏点，有效降低管网漏损率与产销差率。目前，该系统在浙江、江西等省份有相关的应用，江西洪城某水业股份有限公司是成功应用供水管网漏损智能管理系统的典型案例。

12.3.3.1 系统应用

wDMA供水管网分区定量漏损监控管理系统在江西洪城某水业股份有限公司的应用是该系统应用的典型案例。该水务企业的设计供水能力为134万m^3/d，其供水主管与支管的总长达2700多千米，能为南昌市主城区的300万人提供安全、优质的供水服务。2012年上半年该企业开始应用wDMA供水管网分区定量漏损监控管理系统：在应用初期，wDMA系统接入了4个示范区的供水管网的数据信息，通过该系统的应用，在6个月的时间里使该公司在4个示范区内发现并及时修复了多个漏水点，总共为企业带来了超过520万元的经济收益。目前该套wDMA系统已经接入了33个DMA分区的数据信息，均取得了良好的效果。

12.3.3.2 系统构成

供水管网漏损智能管理系统如图12-12所示。该系统通过对各DMA（独立计量区域）内的流量和压力节点实施远程实时监测，既可及时发现管网供水异常，又可测算出区域的漏损情况，并辅助查找漏点，维修人员也可以通过手机APP探查供水管网的漏损情况并进行实地检修与补漏，有效降低管网漏损率和产销差率。

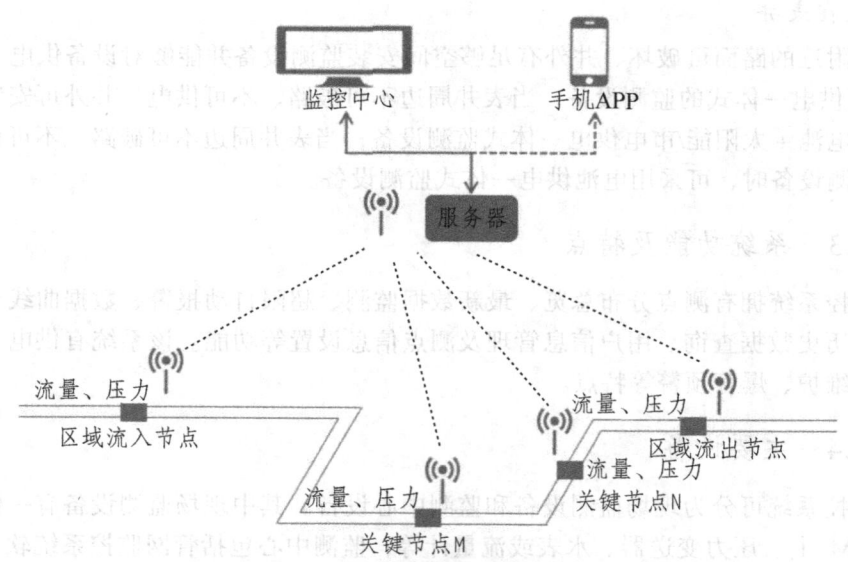

图12-12 供水管网漏损智能管理系统

12.3.3.3 系统功能

1. 在线监测功能

该系统建立了完备的管网在线监测体系，实时在线监测关键节点的实时供水流量与水压，科学地制定并执行合理的供水调度方案，使管网流量、水压能平稳运行。

2. 报警功能

供水管网漏损智能管理系统能及时发现独立计量区域中管网的流量和压力变化，预判出管网出现漏水或爆管现象的概率。监控中心根据预判第一时间发布管网水量、水压调度指令和阀门参数远程控制要求，并迅速采取排查和检漏措施。

3. 分析功能

供水管网漏损智能管理系统应用夜间最小流量原理，该系统可以自动判断、分析各独立计量区域是否有漏水现象及当前漏水情况处在什么水平，为制定合理的检漏方案提供科学的依据。

4. 核算功能

供水管网漏损智能管理系统可以较准确地核算出供水的产销差率，通过对各区域内自来水进管、出管和实际销售水量的定期分析，有效统计各分区内的供水量、需水量、漏失量等重要数据，核算产销差。

5. 建立区域常设供水压力

结合管网长期运行数据，在确保充分、有效满足用户需求的前提下，适当降低并逐步确立常设供水压力，既可降低当前的泄漏水平，又可减少老化管网爆管的概率。

6. 智能配表分析

对各监测点的水表口径和实际用水量进行智能分析，综合判断当前水表是否匹配，并给出配表的合理建议。

7. 积累管网改造依据

通过长期的监测分析，可掌握各区域的用水规律，为水量分配、管网改造提供基础数据。

12.3.3.4 主要设备

供水管网漏损智能管理系统的主要设备包括现场监测设备和监测中心设备。其中现场监测设备包括太阳能供电监测设备、SIM卡、压力变送器、流量计、太阳能电池板、蓄电池、安装立杆及支架等；监测中心设备包括供水管网漏损智能管理系统软件、服务器硬件设备、数据库软件及手机APP软件等。

12.3.4 消火栓及取水栓智能管理系统

12.3.4.1 系统应用

目前，各个城市的市政用水大多是从自来水公司指定的消防栓取得。消防等市政公共用水在部分商家和个人看来是免费水，导致私下偷接公共取水栓盗用公共用水的现象层出不穷，这种偷水行为不仅造成了水资源的浪费，还会降低消防管道的水压及消防栓的有效使用寿命，既加大了供水企业的产销差，也带来了巨大的安全隐患。同时，供水厂采用协议收费的方式进行对市政用水收费，但由于市政用水无法精确计算，也给自来水公司带来了一定的产销差。

此外，城镇的消防栓和取水栓数量较大且分布不集中，这种情况给消防栓和取水栓的有效管理造成了较大的困难。

为了解决产销差和管理困难等问题，某市自来水公司采用了消火栓及取水栓智能管理系统的智能取水栓代替常规的消防栓和取水栓。目前，该公司在该市市区范围内一共安装了40个智能取水栓，在其后续规划中计划将该市市区的所有消火栓及取水栓替换成智能取水栓或对现有的消火栓及取水栓进行智能化改造。通过该系统，该市自来水公司实现了对市区范围内各取水栓的用水情况进行实时监控。智能取水栓具有计量功能，并能将该取水栓的用水情况传输到消火栓及取水栓智能管理系统监管平台上，数据监管中心的值守人员可以在显示大屏上实时查看智能取水栓的用水信息。此外，该市自来水公司还实现了对取水栓和消火栓的智能化管理，不再依靠人工巡查等低效管理方式，完全实现了集中在线监测各取水单位的取水量、有效监控取水栓和消火栓使用状态、及时甄别消防用水和非法盗水情况。

12.3.4.2 系统概述

消火栓及取水栓智能管理系统是一种为方便管理城市消火栓及取水栓使用所专门开发的一种远程监测系统，该系统的核心装置是刷卡计量取水装置及防盗水报警装置，如图12-13所示。消火栓管理一直都是城市供水企业难以彻底解决的难题，因为消火栓有水资源被盗用及难以管理等缺点或不足，所以对消火栓进行统一实时在线监管是唯一的也是最好的管理途径。消火栓及取水栓智能管理系统主要由刷卡计量取水栓监管系统、消火栓报警监管系统及数据监管平台三个部分组成。

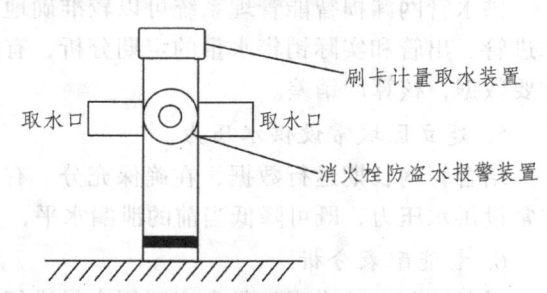

图 12-13 刷卡计量取水装置及防盗水报警装置

1. 刷卡计量取水栓监管系统

如图 12-14 所示，刷卡计量取水栓监管系统是由专用取水栓改造而成。市政工程车辆取水时，取水人员需用连接管道将取水口和车辆接水口连接起来，然后将随身携带的IC市政专

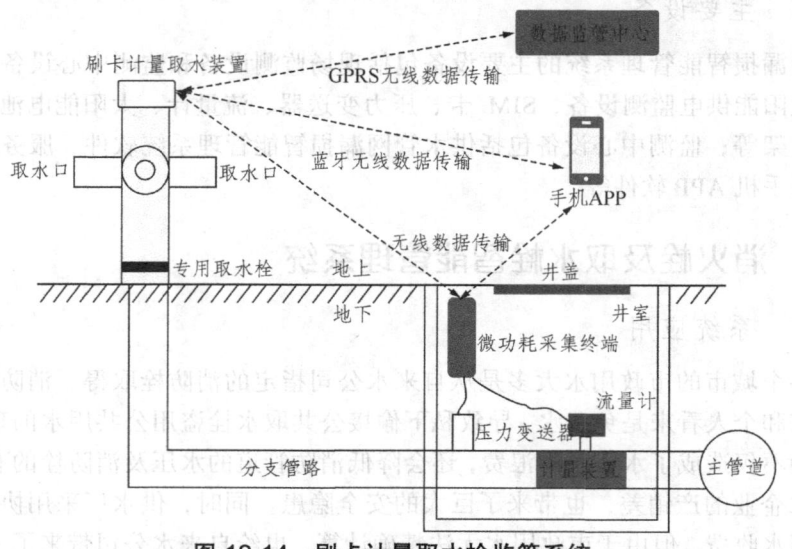

图 12-14 刷卡计量取水栓监管系统

用取水卡放在栓卡感应区内，通过身份验证后智能取水栓自动开启闭锁装置，然后通知位于井下的数据采集终端准备采集相关数据，这时取水人员手动开启智能取水栓的取水阀门开始为市政工程车辆加水。完成取水后，数据采集终端将本次取水数据传输到刷卡计量取水装置，刷卡计量取水装置再将取水数据信息传送到监管中心，到此取水作业完成。

2. 消火栓报警监管系统

消火栓报警监管系统如图 12-15 所示，该系统的主要功能是报警功能。当非市政工作人员在智能取水栓非法或违规取水时，智能取水栓的防盗水报警装置给位于井下的数据终端发送信号，同时给数据监管中心及就近的智能取水栓管理人员发送报警信息，通知取水栓附近的管理人员前去处理。

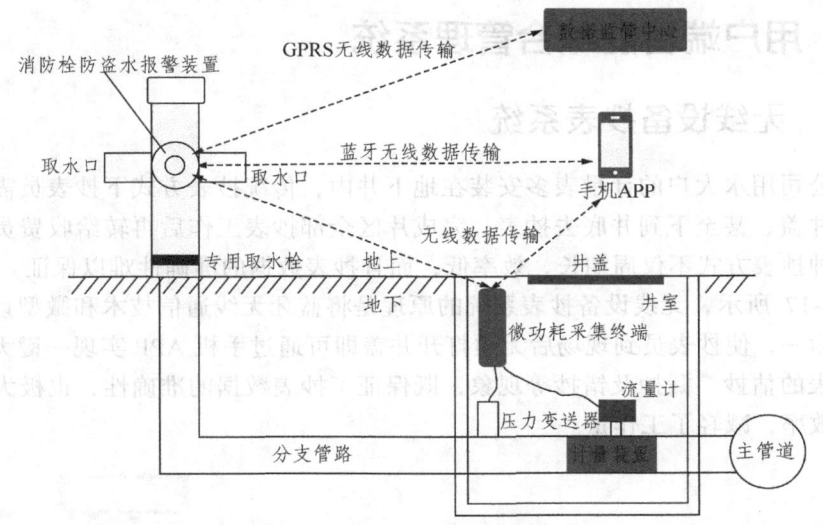

图 12-15　消火栓报警监管系统

3. 数据监管平台

由于取水栓与消火栓的水源均来自消防专用管道，为提升管理效率，建立了如图 12-16 所示

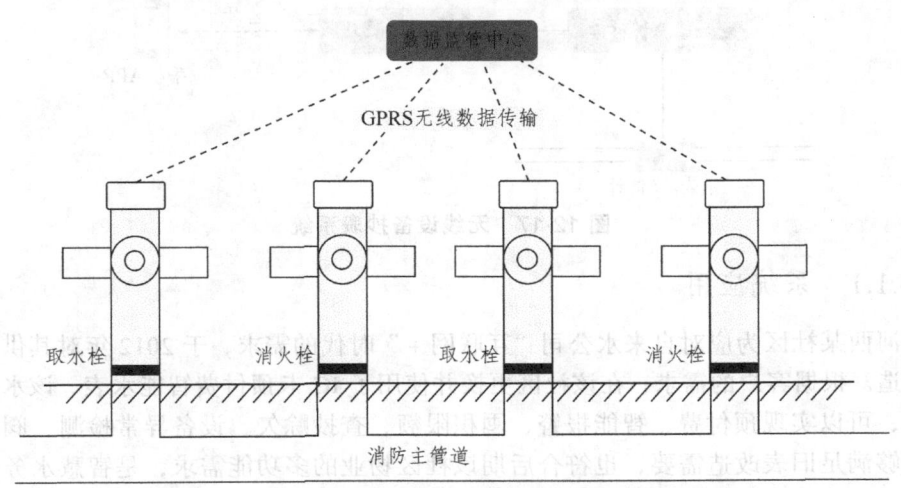

图 12-16　消火栓及取水栓智能管理系统数据监管平台

的消火栓及取水栓智能管理系统数据监管平台。该数据监管平台的建设包括刷卡计量取水栓监管系统和消火栓报警监管系统两个子系统，只有将以上两个监管系统进行科学的整合、统一，才能科学地监管消防输水管道及相关的重要消防设施。消火栓及取水栓智能管理系统通过GPRS通信网络将数量众多且分布不均的取水栓和消火栓统合起来，系统管理人员在监管平台上通过在线地图或数据列表，可实时监测系统覆盖范围内所有的取水栓和消火栓的用水情况。

12.3.4.3 系统功能

消火栓及取水栓智能管理系统具有实时报警、偷盗报警、取水授权识别、偷水报警、阀门开启监测、水压监测、数据终端电池电量监测七大功能。

12.4 用户端智能综合管理系统

12.4.1 无线设备抄表系统

自来水公司用水大户的计量表多安装在地下井内，传统抄表方式下抄表员需随身携带抄表本并打开井盖、甚至下到井底去抄表，完成片区全部抄表工作后再转给收费员将数据录入计算机。此种抄表方式不仅周期长、效率低，而且抄表数据的准确性难以保证。

如图12-17所示，无线设备抄表系统的原理是将蓝牙无线通信技术和微型计算机信息处理技术合二为一，使抄表员到现场后无须打开井盖即可通过手机APP实现一键无线抄表，避免了人工抄表的估抄、漏抄及错抄等现象，既保证了抄表数据的准确性，也极大地提高了抄表员的工作效率，减轻了工作量。

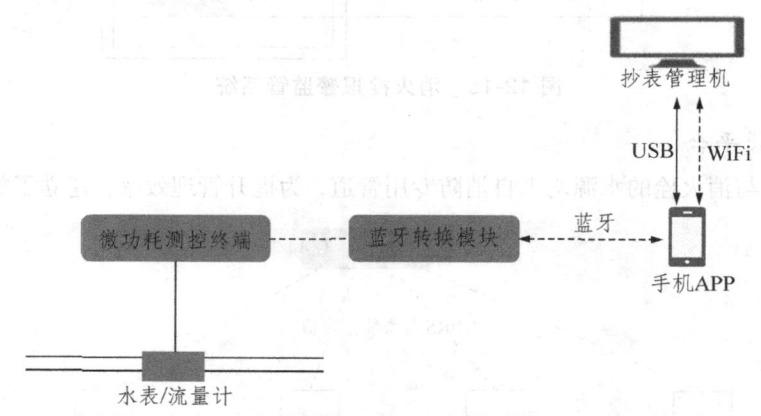

图 12-17 无线设备抄表系统

12.4.1.1 系统应用

长沙河西某社区为应对自来水公司"互联网+"时代的需求，于2012年对其供水设备进行升级改造。根据客户的需求，在该社区更换并使用了IC卡预付费智能水表，该水表拥有强大的功能，可以实现预付费、智能报警、囤积限额、查抄赊欠、设备异常检测、阀门维护等功能，能够满足旧表改造需要，也符合后期该社区物业的多功能需求，是智慧水务子系统无线设备抄表系统应用的一个经典案例。

12.4.1.2 系统构成

无线设备抄表系统主要由抄表管理机、手机 APP+蓝牙转换模块、微功耗测控终端和计量仪表四部分组成。其中抄表管理机安装抄表管理系统软件，对所得抄表数据进行存储、查询、统计、分析等处理。移动设备 APP+蓝牙转换模块的作用是一键抄取多块用户表数据，并通过 USB/WiFi 导出给抄表管理机。微功耗测控终端能自动采集表井内流量仪表数据，并通过射频信号向表井外传送。计量仪表有电磁流量计、超声波流量计、脉冲水表等。

12.4.1.3 系统功能

无线设备抄表系统具有以下几种功能：
（1）避免估抄、漏抄、错抄及"人情水"现象，保证抄表数据的准确性。
（2）无须打开井盖即可无线抄表，保障抄表人员安全，避免事故发生。
（3）节省人力，大大提高抄表效率，减少了抄写、审核、录入等环节。
（4）缩短抄表周期，避免因工作量大导致的"双月抄表""多月抄表"现象。
（5）微功耗测控终端功耗极低，自带两节锂电池可维持工作时间大于两年。

12.4.2 大用户抄表/城镇供水管网分区计量管理系统

大用户抄表/城镇供水管网分区计量管理系统通过对各 DMA（独立计量区域）内的流量和压力节点实施远程实时监测，既可及时发现管网供水异常，又可测算出区域的漏损情况，并辅助查找漏点，有效降低管网漏损率和产销差率[112]。

12.4.2.1 系统应用

大用户远程抄表系统的组成如图 12-18 所示，该系统主要由四部分组成：监测中心、通信网络、监测终端及计量仪表。

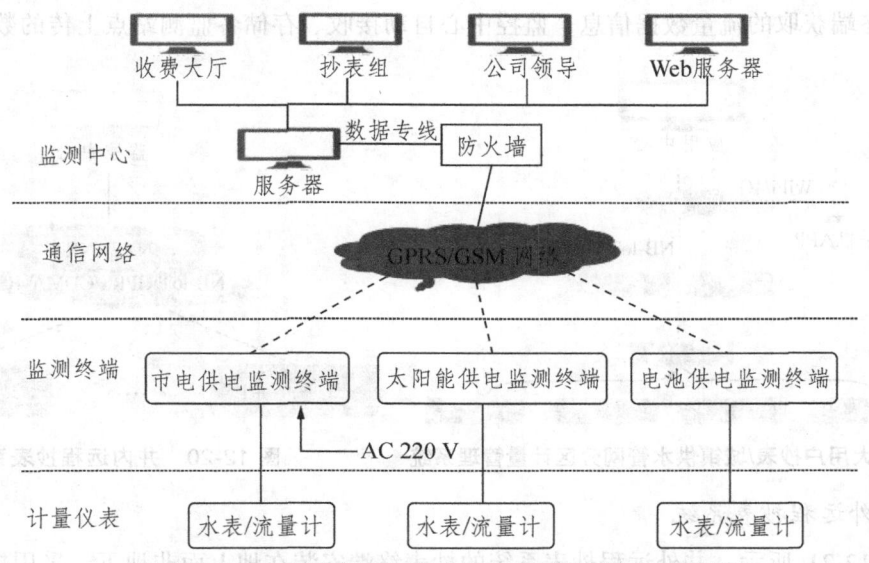

图 12-18 湖南省某市自来水公司大用户远程抄表系统

湖南省某市自来水公司自2013年以来一直在给下属的大口径水表或流量计加装远程监测装置，已经陆续采购超过100台各类产品。该大用户远程抄表监测系统还存在以下几个问题：一是一部分已安装计量仪表没有对外输出接口，有的计量仪表则是无法确定其对外数据接口是否完好无损，甚至有的计量仪表的串口通信不确定通信协议；二是计量仪表型号复杂多样，仪表协议同样复杂多样，给整合这些不同型号的计量仪表带来了困难；三是由于计量仪表的安装地点不确定，导致计量仪表的供电方式不确定，使用市电、太阳能还是电池供电要依据实际情况来选择，无法做到统一计量仪表的供电模式。所以在项目施工前要是有计划安装大用户远程抄表系统，需要对现场进行实地考察，了解每一个测点的具体安装环境和供电方式，导致整个工程的完工时间往后推迟，不能保证在合同期限内完工。

为解决以上几个问题，提出了以下解决方案：问题一的解决方案是更换有输出接口的仪表；针对问题二中仪表协议多样的问题，已有公司开发出兼容国内外常用的仪表协议，个别不兼容的协议可以提供开发驱动协议的服务；问题三则需具体参考现场实际情况，有市电的优先考虑用市电供电方式，其次选择太阳能，最后再考虑电池供电。选择电池供电方式时，也要配置电池供电的计量仪表才行。

12.4.2.2　系统组成

大用户抄表/城镇供水管网分区计量管理系统（见图12-19）主要由流量仪表、抄表终端（RTU）、通信网络及应用中心四个部分组成。其中抄表终端按抄表方式可分为井内远程抄表、井外远程抄表及井内-井外接力抄表三种类型。

1. 井内远程抄表

井内远程抄表（见图12-20）是将抄表终端安装于表井内，该终端设备采用高性能电池供电，具有防潮、防水的功能。抄表终端适用于无电、潮湿的环境，且安装在较隐蔽的地方，可以有效地防止被盗窃或被破坏。这类抄表终端在规定时间段采集数据，并实时向监控中心传输抄表终端获取的流量数据信息，监控中心自动接收、存储各监测站点上传的数据信息。

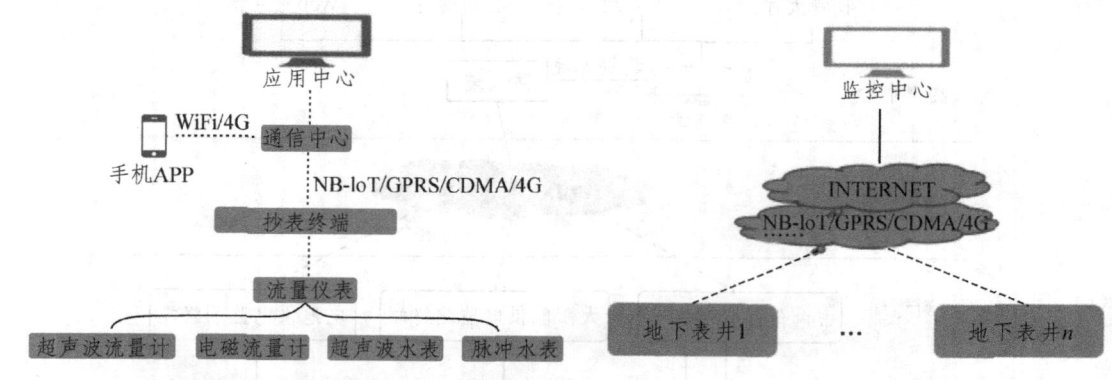

图12-19　大用户抄表/城镇供水管网分区计量管理系统　　图12-20　井内远程抄表系统

2. 井外远程抄表系统

如图12-21所示，井外远程抄表系统的抄表终端安装在地上而非地下，采用接入市电进行供电或太阳能供电的方式为抄表终端提供电源。这类抄表终端在规定时间段采集数据,并实时向监控中心传输抄表终端获取的流量数据信息,监控中心自动接收、存储各监测站点上传的数据信息。

3. 井内、井外接力抄表

井内、井外接力抄表系统(见图12-22)的抄表终端既可以采用电池供电,也可以采用太阳能或市电供电。运用这种抄表模式有两个优点:一是可以解决地下井内信号弱的缺点;二是能够节省 GPRS 的通信费用。抄表终端向抄表中心上报流量数据信息,抄表中心自动接收、存储各测点抄表数据。

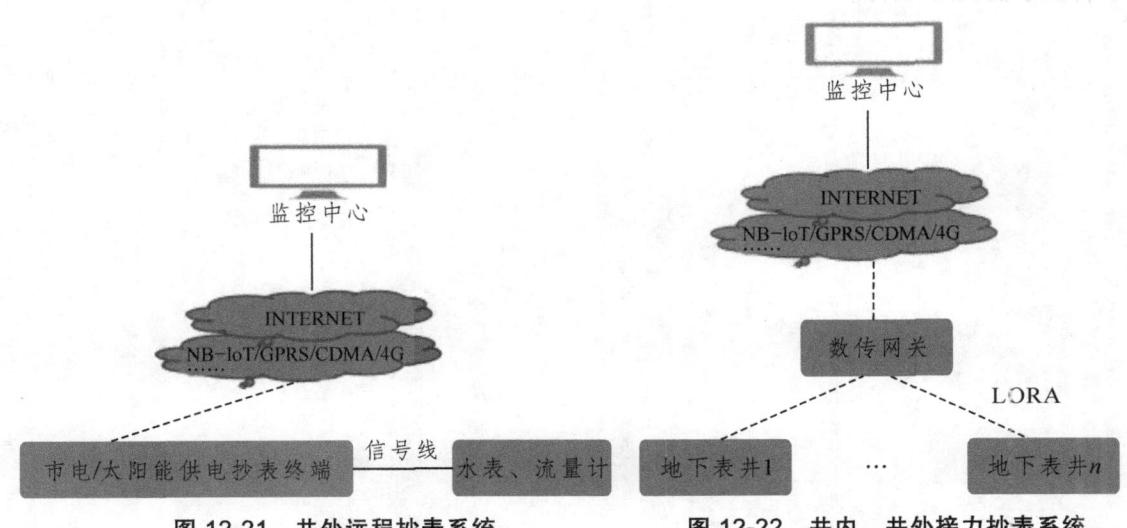

图 12-21　井外远程抄表系统　　　　图 12-22　井内、井外接力抄表系统

12.4.2.3　系统功能

1. 远程监测

大用户抄表/城镇供水管网分区计量管理系统可实现实时/定时监测水表的流量数据,同时在用水异常及设备发生故障时能自动报警。

2. 统计分析

大用户抄表/城镇供水管网分区计量管理系统可以自动生成日、月、年的用水统计报表,还可以进行漏水、用水及配表分析。

3. 设备维护

大用户抄表/城镇供水管网分区计量管理系统可以对计量监测设备、流量表等软硬件设备进行自动维护。

4. 历史查询

大用户抄表/城镇供水管网分区计量管理系统可以对抄表记录及报警记录进行查询。

5. 档案管理

大用户抄表/城镇供水管网分区计量管理系统可对用户、信息测点、故障类别、报警类别及所用表具类型进行科学的管理。

12.4.2.4 主要设备

大用户抄表/城镇供水管网分区计量管理系统的设备可分为现场检测设备和监测中心设备。其中现场检测设备主要有大用户抄表/供水管网分区计量检测设备、SIM 卡及流量计或水表；监测中心设备有大用户抄表/供水管网分区计量管理系统软件、服务器硬件设备、数据库软件及手机 APP 软件。

13 智慧污水系统应用

进入 21 世纪以来,环境污染问题越发受到各级政府的重视,尤其是水污染问题。污水处理厂是防止水污染问题的最后一道关卡,但是传统的污水处理工艺越来越不适应日益复杂多样的污染物成分的处理,同时随着环境标准的不断提升,传统污水处理工艺为做到达标排放需要消耗更多的能量和资源,以节能降耗为目的的智慧污水系统应运而生。所谓智慧污水系统就是将智慧水务的思想、技术运用在污水处理厂,用更"智慧"的工艺处理污水的新型污水处理模式。

与供水不同,污水处理只需要通过重力作用及水体的流动性在污水处理厂统一收集污水并进行处理,并不需要对输送污水的管道压力、流量等参数进行实时监控,所以智慧污水系统的智能化集中体现在污水处理工艺的智能化,如若实现了污水处理厂的智能化控制就基本实现了智慧污水这一个目标。城镇污水的处理工艺中能耗最高的是曝气阶段,为了降低能耗,节省处理成本,对曝气系统进行智能化改造就显得尤为重要。与城镇的情况有所不同,农村地区的污水具有点源分散、水量小、成分较单一(主要是生活污水)等特点,所以农村地区的污水处理设施大多是小型的污水处理厂站,要实现农村水务的智能化,不仅要实现污水处理厂站的运行工艺的智能化控制,更重要的是要对污水的多点式排放进行智能化管理。

13.1 曝气智能控制系统

13.1.1 精确曝气控制系统

13.1.1.1 案例1:内江某污水处理厂

1. 污水厂概况

该污水处理厂核心工艺为 8 组 CASS 池,出水执行的标准是《城镇污水处理厂污染物排放标准》中的一级 A 标。2003 年建设一期工程的污水处理量为 5 万 t/d;2013 年建设二期工程的污水处理量为 10 万 t/d,现在已经基本满负荷运行,建设二期工程时购买了 8 个 VAG 的活塞阀(调流调压阀)且其保修期为 10 年,并加装了空气流量计用于精确曝气,该阀门集手动、自动调节功能为一体。

2. AVS 精确曝气系统的应用

一般污水处理厂曝气池的原理是将空气通过鼓风机或者其他通风设备经管道输送到要处理的污水中,增加污水中氧气的浓度,然后在微生物的作用下,消除污水中污染物。污水在好氧处理的工艺过程中,曝气过程所消耗的能量占整个处理工艺能耗的 50%~70%[113]。这种直接由鼓风机输送空气曝气的方法,所用到的设备较少,污水处理工艺简单,一次性成本较低,但是从长期来看,此方法的能耗大,不符合我国大力提倡的节能降耗的发展理念。

基于智慧水务的发展理念,该污水处理厂引进了上海某公司开发的 AVS 精确曝气系统,极大降低了曝气过程的能耗。AVS 精确曝气系统是通过调节活塞阀的开度来调整曝气管道的空气流量：AVS 控制柜将曝气池所需的空气流量信息传送给鼓风机变频器，鼓风机变频器依据所需空气流量来调节活塞阀阀门开度，进而控制曝气管道的空气流量。活塞阀的开度变化对应的鼓风机也发生功率变化，从而实现节能。

据该污水处理厂工作人员介绍，AVS 精确曝气系统可以根据模型实时计算曝气池所需曝气量，曝气量可以设定为一个固定值浓度，也可以设定为一个浓度区间，使曝气量在一定范围内动态波动。目前该污水厂采用的是前者，即设置固定的 DO 浓度值，如 2 mg/L，每个季节设定一个固定值。设置固定的 DO 浓度值的好处是，曝气池具有自动调节适应功能，比如今日进水 COD 增加，理论上应该增加曝气量，以前的阀门开度不足以维持此 DO 浓度，则需要继续增大活塞阀的开度，直至曝气池中的 DO 浓度达到并维持所设定的 DO 浓度，这就实现了曝气量的自动增加。AVS 精确曝气系统的理想状况是，保持活塞阀阀门的某一个特定开度可以使曝气池中 DO 浓度保持恒定，此时曝氧量等于或接近所需曝气量。

该污水处理厂的曝气池在曝气过程中有时垃圾渗滤液会被排入其中，垃圾渗滤液是一类典型的拥有复杂成分的高 COD、高 BOD、高氮含量（多以氨氮存在）的废液，垃圾渗滤液的排入导致曝气池的 COD 与氨氮变化不同步，对精确曝气系统的负荷造成了严重的冲击。而为了适应这种冲击就使得 AVS 精确曝气系统设备频繁启停，曝气设备的频繁启停会使精确曝气系统设备的使用寿命急剧缩短，所以为了避免曝气设备的频繁启停，该曝气系统的曝气量的实际调控是一个区间范围而非某个固定值。

3. 系统简述

如图 13-1 所示，AVS 精确曝气系统是专为城市污水厂 DO 精细化控制提供整体解决方案而开发的。AVS 精确曝气系统是一个高度集成的控制系统，可以为间歇曝气、微量曝气、正常曝气、溶解氧分布控制等各种复杂工艺提供多种供气方案。该系统可以实现曝气过程的精细化控制，适应多种不同曝气工艺，并能够随着工艺变化而自动做出相应的调整。AVS 精确曝气系统还可以根据曝气池当前需要的曝气量，反馈给鼓风机或转碟曝气机进行曝气量的精准调节，按需曝气，降低能耗。

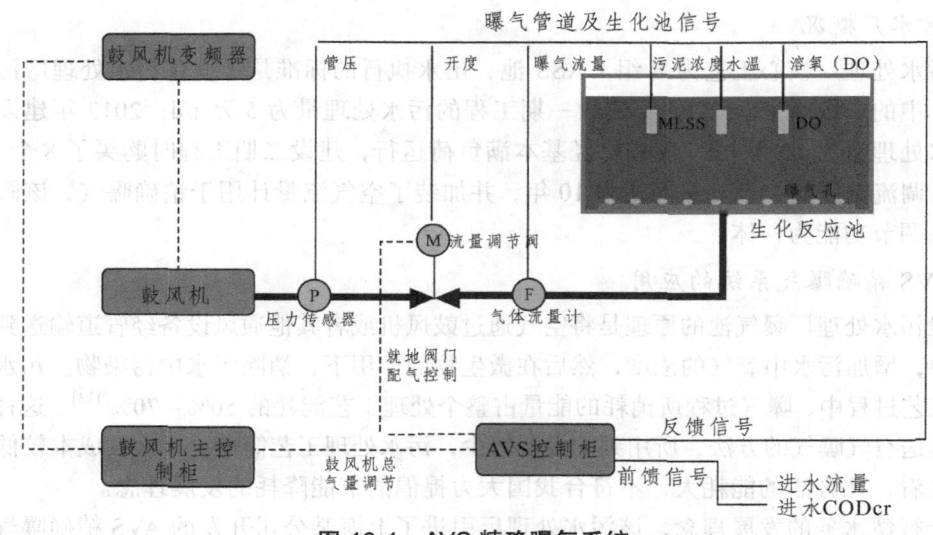

图 13-1 AVS 精确曝气系统

AVS 精确曝气系统所采用的监测与控制设备均为进口，该设备运行稳定，十分可靠。该污水处理厂的在线监测仪表等设备的维护服务由第三方机构完成，设备维护的主要内容是对设备进行清洗。

4. 系统特点

（1）适用于间歇曝气、微量曝气等活性污泥的精确曝气。
（2）提高了污水处理工艺的稳定性和可靠性。
（3）提高了管理效率。
（4）按需曝气。
（5）能耗降低，节约成本。

13.1.1.2 案例2：宁波某污水处理厂

位于宁波市的某污水处理厂，其厂区总面积约 27.2 万 m^2，设计处理能力为 16 万 t/d，高峰污水量 8 667 t/h。该污水处理厂采用以 AVS 精确曝气系统为核心处理工艺的 AAO 工艺，共有 4 座平行的生化池，其设计出水水质要求达到我国城镇污水排放标准的一级 B 标准。该污水厂的工艺路线如图 13-2 所示。

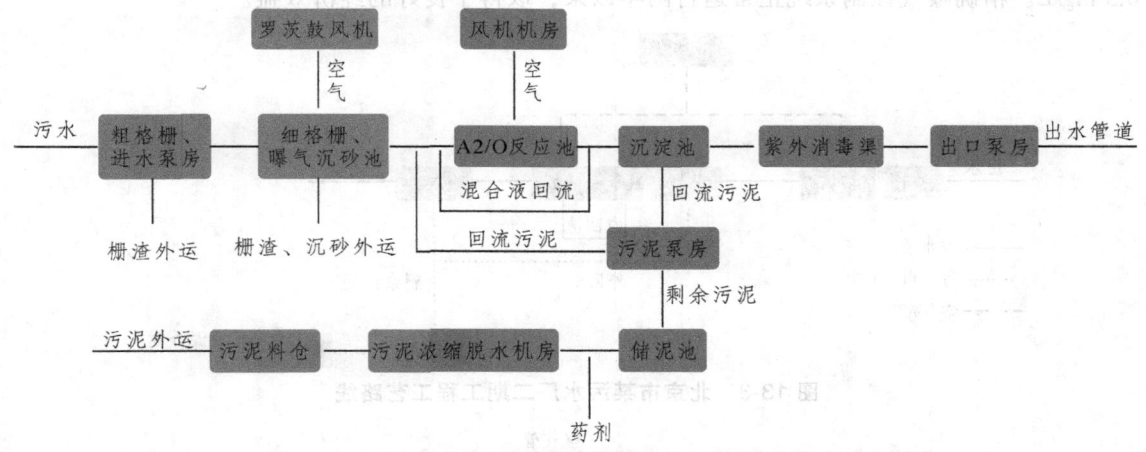

图 13-2 宁波某污水处理厂工艺路线

该污水处理厂建设工程于 2011 年底实施完成并进入试运行阶段。根据该污水处理厂的运行日志表，截至目前该厂的平均日进水总量在 5 万~8 万 t 波动，且工业污水与生活污水的进水量分别占进水总量的 60%和 40%，进水的平均 COD 值在 200-600 mg/L 之间波动。该污水处理厂的运行结果显示，AVS 精确曝气系统可以有效地应对进水水量和水质的波动对处理系统的影响，该系统的 DO 能够稳定地控制在设定值的 ±0.5 mg/L 以内，在此基础上该污水处理厂的出水水质能达到国家一级 A 标准，超过了该污水厂设计的一级 B 标准。

13.1.1.3 案例3：北京某污水处理厂

北京市某污水厂临近奥林匹克森林公园、奥林匹克运动中心和奥运村，所以该污水处理厂主要解决附近流域排放的生活污水，其设计为约 81.4 万的人口服务，总处理规模为 60 万 t/d。截至目前，该污水处理厂已完成了两期工程建设，其中一期工程的日处理量为 20 万 t，采用倒置的 AAO 处理工艺并于 2002 年 9 月开始投入使用；二期工程的日处理规模也为 20 万 t，采用 AAO 处理工艺并于 2004 年 12 月开始投入运营，该污水处理厂的设计出水水质均为国家一级 B 标。

2009 年，为了提高出水水质，降低运行成本，并提高运行管理水平，该污水处理厂联合其他两家水务企业对如图 13-3 所示的二期工程进行了工艺改造，重点是改造二期工艺的鼓风曝气系统。二期工程以"前馈＋模型＋反馈"的先进控制理念为基础，实现整个曝气鼓风系统的全闭环控制，达到了精确曝气、提高出水水质、节能降耗的目的。改造后的精确曝气控制系统如图 13-4 所示，首先基于建立的污水处理工艺模型及前馈信号、反馈信号计算生化反应池所需的曝气量；然后对鼓风机系统和阀门进行联动控制，即根据所需的曝气量调节鼓风机系统的运行参数（比如鼓风机转速、空气流量等参数），精确曝气控制系统将产生的生化反应池所需的空气通过调节阀门系统输送到生化反应池。为了满足对精细控制的需要，改造后的精确曝气控制系统分别在每个生化池好氧段的前端及后端各设置一个独立控制单元，每个控制单元分别配置一套电动蝶阀、一台空气流量计、一台 DO 仪，操作人员可根据实际情况分别设定每个控制单元的 DO 目标值。由于采用了"前馈＋模型＋反馈"的先进控制方式，有效地消除了时延滞后，DO 值得到稳定的控制，实际运行中，溶解氧的控制精度能达到 0.5 mg/L。精确曝气控制系统正常运行两年以来，取得了良好的经济效益。

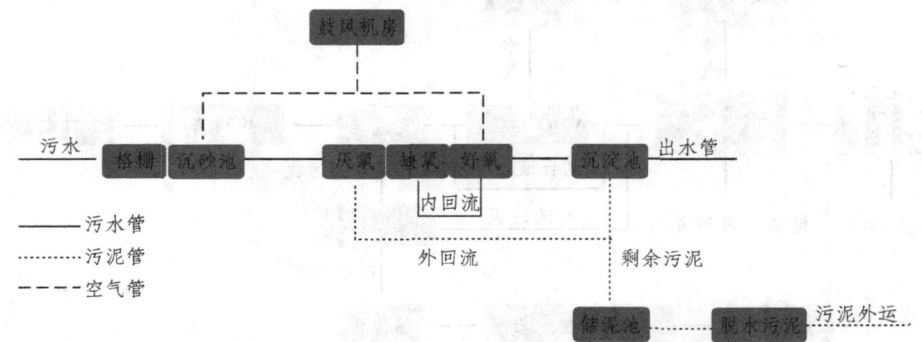

图 13-3　北京市某污水厂二期工程工艺路线

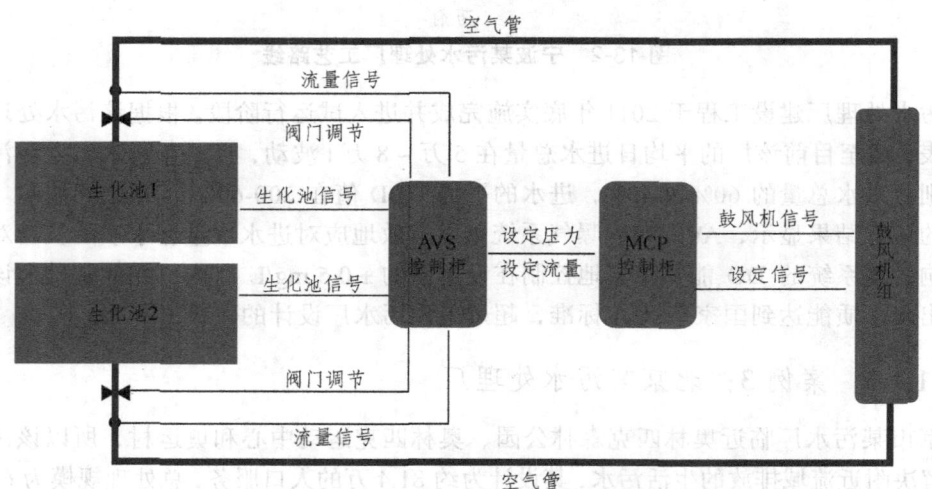

图 13-4　精确曝气控制系统

13.1.2 精细曝气调控技术及运行决策支持系统

城市污水处理行业是属于高能耗、高物耗行业，以重庆市为例简要说明：重庆市现有城市污水处理厂64座，年处理污水总量11.56亿t，年耗电量超过3.7亿kW·h。在处理污水的过程中，曝气系统是最重要的核心工艺，由于曝气的能耗、物耗量非常大，占据了污水厂总能耗的很大比例[114]。精确曝气系统建成使用后保守估计可节省10%的鼓风机曝气量，此套系统若推广应用在重庆市400万t集中污水处理过程中，将比传统工艺的运维节约电费约600万元/年，减少人力成本约600万元/年；两项合计可产生经济效益约1 200万元/年。此外，新技术的研发运用预计还将节省约5%~10%的物耗，并增加5%的污水处理能力。为了响应国家节能降耗的政策，积极推动智慧水务建设，重庆水务集团联合其他几家单位建立了一套精细曝气调控技术研发及运行决策支持系统，如图13-5所示。该系统主要包含离线数学模型构建、预案模拟与分析及精细曝气调控技术。

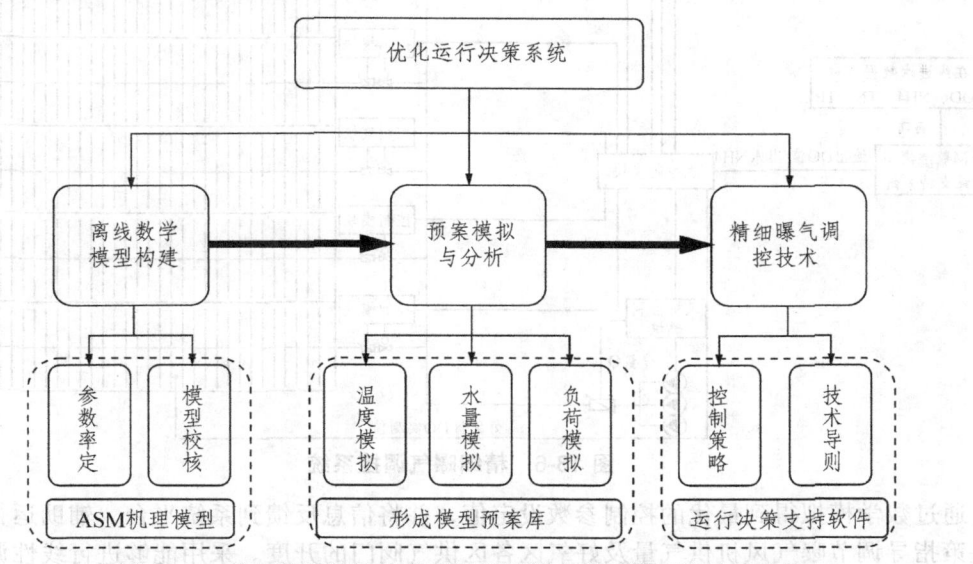

图13-5 精细曝气调控技术及运行决策支持系统开发技术路线

13.1.2.1 离线数学模型构建

离线数学模型的构建是选择典型城市污水处理厂为对象，利用ASM模型对其建模。其基本内容是通过对各单元节点进行组合和定义单元模型，构建污水处理的物理过程和生物过程。为使依据所建模型得到的出水水质结果与实际情况相符，还需要对模型进行校核和验证研究，即对模型进行参数率定分析及校核。

13.1.2.2 预案模拟与分析

一般来说，内部干扰具有可控性，可以采取有效措施加以消除或降低；而外部干扰具有不可控性、不可预测性，通常需要借助建立模型预案库进行预测模拟，当进水出现冲击负荷或发生突发事故时，可以通过采取适合的工艺运行模式或及时调整工艺运行参数，确保系统运行的稳定性。预测模拟一般包含温度变化、水量变化及有机负荷变化对污水处理工艺的冲击等内容，从而形成模型预案库。

13.1.2.3 精细曝气调控系统

如图 13-6 所示，精细曝气调控系统是实现节能减排目标的关键，也是精细曝气调控技术研发及运行决策支持系统的核心。精细曝气调控系统的核心是一套基于数学模型的污水处理厂优化运行决策支持系统软件，其功能主要包括网络架构开发、系统数据库设计、数据通信模块、实时报警模块、优化运行模块、工艺模拟方案管理模块、系统配置管理模块，并在重庆市某污水厂进行了应用示范。

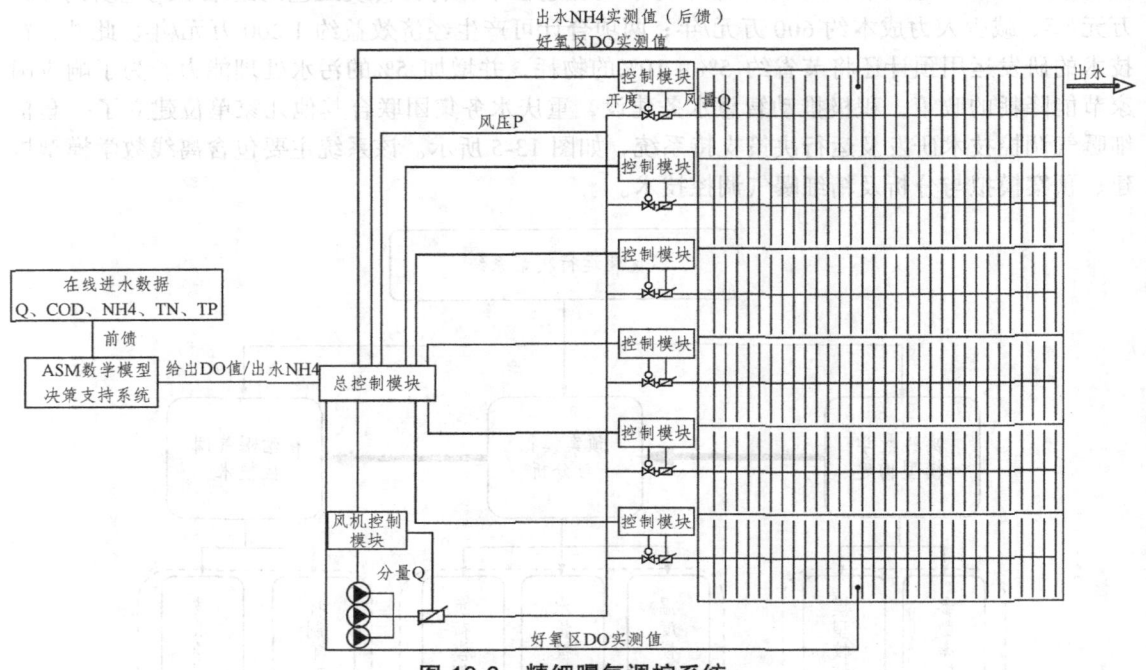

图 13-6 精细曝气调控系统

通过数学模拟得到最优的控制参数设定值，并将信息反馈到系统平台，辅助运行管理人员决策指导调节曝气风机供气量及好氧区各区供气阀门的开度。采用能够进行线性调控的菱形道闸阀代替原有供气蝶阀以达到对供气量进行线性控制，并辅以压力传感器以调节风机风压，形成一套串级控制的软件。通过历史运行数据形成曝气策略，形成精细化曝气导则。在出水水质稳定达到一级 A 标的前提下，实现了曝气能耗降低 10% 以上的目标。

13.2 智能综合管理系统

13.2.1 污水业务应用系统

为了实现污水处理厂站的数字化、信息化、智能化与集约化运行管理，陕西省某水务企业开发应用了一套如图 13-7 所示的污水业务应用系统[115]，实现了对污水处理厂站进出水流量、污染物含量等生产指标及设备电流、电压等运行数据的自动采集，达到了对整个污水厂各点数据、设备运行情况的远程实时监控与智能预警的目标。通过对各类处理设备的运行数据进行分析与挖掘，污水业务应用系统实现的功能主要包括工程运行安全监控、水质水量在线监测、生产运营管理、专家系统、综合展示分析及污水综合业务管理等。

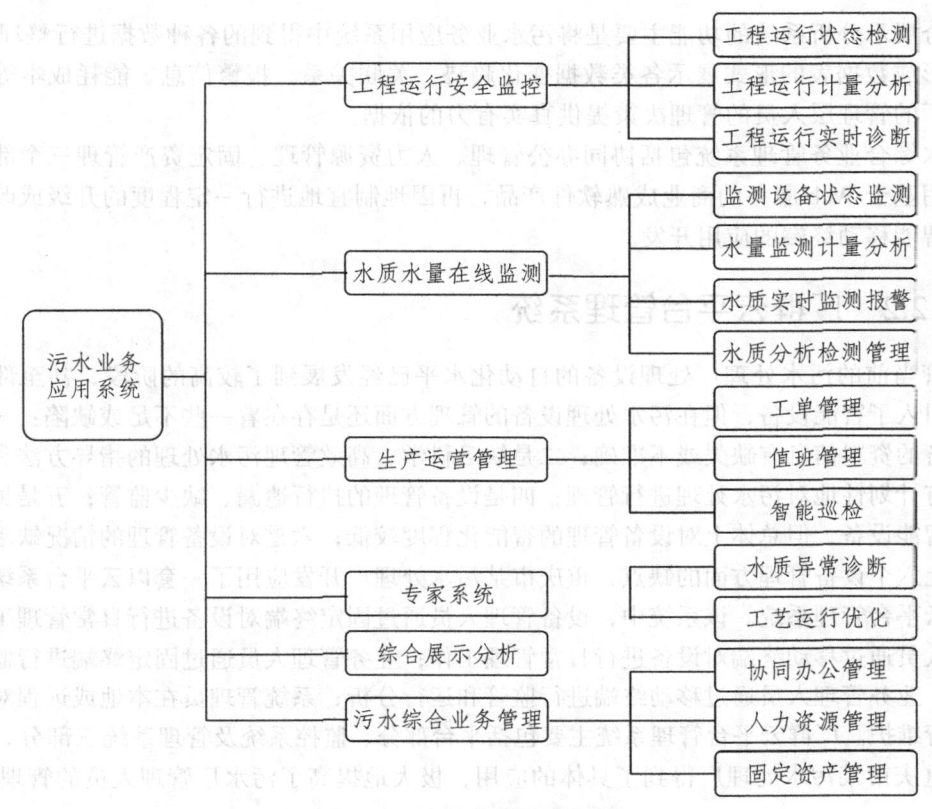

图 13-7 污水业务应用系统

工程运行安全监控系统拥有工程运行状态检测、工程运行计量分析及工程运行实时诊断等功能。其基本原理是利用获得的视频、趋势图、数据表及组态图等多种途径或方式，实现对污水处理厂站自动控制系统中污水处理设备的远程控制及设备的运行参数、状态情况等数据的实时采集。此外，工程运行安全监控系统还拥有自动报警功能，在某项数据或指标出现异常时该系统通过发出报警信息、显示大屏弹出信息框、发送短信等方式通知相应的管理人员及时处理。

水质水量在线监测系统拥有监测设备状态监测、水量监测计量分析、水质监测报警及水质分析监测管理等功能。水质水量在线监测系统以污水处理厂站进出水流量监测站为对象，对监测仪器、通信设备等设施的电流、电压等运行状态进行实时监测；此外该系统还能对实水量监测进行计量分析、水质超标时自动报警及进行化验室水质检测的管理等。

生产运行管理有工单管理、值班管理及智能巡检等功能。

专家系统的主要作用是对水质异常进行诊断及优化工艺参数。专家系统主要是通过调研污水处理领域的经验与知识，采用网络智能化技术，建立模拟人类专家的思维方式解决污水处理厂运行管理中出现的实际问题的智能化专家系统。水质异常诊断功能是根据污水处理厂站前期获取的历史数据对水质超标的原因进行诊断并提出合理的建议或改进方案。工艺运行优化功能则主要是利用现有的数据分析技术或手段对获得的数据进行深入挖掘，再依据特殊的算法模型确定当前工况条件下最优的设备运行参数，最后对污水处理厂设备运行参数进行相应的调整。

综合展示分析系统的功能主要是将污水业务应用系统中得到的各种数据进行整理、分析，并以图形或数据表的形式展示各类数据变化趋势、关联关系、报警信息、能耗成本等，为污水处理厂的管理层人员的管理决策提供真实有力的依据。

污水综合业务管理系统包括协同办公管理、人力资源管理、固定资产管理三个部分。该系统采用基于Web服务的商业成熟软件产品，再因地制宜地进行一定程度的升级或改造，其中包括智能移动终端的应用开发。

13.2.2 厂群云平台管理系统

尽管当前的污水处理厂处理设备的自动化水平已经发展到了较高的阶段，甚至部分污水厂已经引入了智能设备，但在污水处理设备的管理方面还是存在着一些不足或缺陷：一是污水处理设备的资料信息有缺失或不准确；二是缺乏科学、高效管理污水处理的指导方法和标准；三是没有计划性地对污水处理进行管理；四是设备管理的执行遗漏、缺少监管；五是虽然应用了一些智能设备，但总体上对设备管理的智能化程度较低；六是对设备管理的情况缺乏分析。基于以上六个设备管理方面的缺点，重庆市某污水处理厂开发应用了一套以云平台系统为基础的厂群云平台管理系统。该系统中，设备管理人员通过固定终端对设备进行日常管理工作；设备管理人员通过移动终端对设备进行日常管理工作；业务管理人员通过固定终端进行监管和运行分析；业务管理人员通过移动终端进行监管和运行分析；系统管理员在本地或远程对系统的运行进行维护。厂群云平台管理系统主要包括平台部分、监控系统及管理系统三部分，并且该系统在重庆市某污水处理厂得到了具体的应用，极大地提高了污水厂管理人员的管理效率。

13.2.2.1 平台部分

平台部分主要由设备台账、数据配置、数据记录、报警记录、强检配置、强检记录、保养配置、保养记录、故障记录、巡检记录等10个部分组成。

1. 设备台账

设备台账模块用来记录设备基本信息、规格型号、设备状态、位置分布等参数集合。

2. 数据配置

数据配置模块记录被选定污水厂的设备及其相关辅助设备的基础数据和实时运行状态，同时可以设置设备的运行参数上下限制，实时预警。

3. 数据记录

数据记录模块记录污水处理设备及其附带的其他辅助设备、管线等，自动获取并记录实时运行数据，还可以对数据进行实时查阅。

4. 报警记录

报警记录模块根据前述的数据配置功能为设备运行参数设置上下限，当污水处理或其附件管线等超过参数设置区间时，平台会自动报警，并记录相应的参数。

5. 强检配置

强检配置模块可通过设定一定的检测参数，当时间、设备报警次数、数据配置等信息出错时进行强制性检测，查看设备运行状态等情况。

6. 强检记录

强检记录模块通过强制检测措施检测后,记录强检结果。

7. 保养配置

保养配置模块设置一定参数(如时间、方法、规范等),对设备进行定期规范化养护。

8. 保养记录

养护记录模块可对规范化养护的设备记录养护结果,积累养护经验后制定更加详细的养护计划。

9. 故障记录

故障记录模块可记录设备设施的故障状态,安排值守人员对故障设备进行维护,同时记录操作人员对设备维护状态,并定期回访,记录故障原因及排障经验。

10. 巡检记录

巡检记录功能可记录巡检人员的所检设备名称、区域等详细信息,方便查询。

13.2.2.2 监控系统

厂群云平台管理系统的监控系统主要由在线地图和数据对比两部分组成。

1. 在线地图

在线地图模块通过合作上线的污水处理厂进行定位,经过现场工地的数据上行端判定该设备是否云平台在线,也可通过点击想查看的污水厂查看污水运行实时数据与在线监控。

2. 数据比对

数据比对模块可对比污水处理厂各个运行设备的能耗、物耗、污水实时处理情况,便于优化管理、分析。

13.2.2.3 管理系统

厂群云平台管理系统主要包括通知公告、系统消息、访问日志、操作日志及异常日志 5 个部分。

1. 通知公告

通知公告模块的功能是告知平台升级、污水处理行业新政策、推荐一些污水处理优化方案等系统消息,对客户的需求负责。

2. 系统消息

系统消息模块可通知设备运行中出现的报警记录、强检消息、设备状态等信息,让客户随时了解设备的实时状态。

3. 访问日志

访问日志模块可协助了解用户对污水平台化的关注程度,同时也可以了解哪些人员什么时间段登录系统平台,对设备进行的操作。

4. 操作日志

操作日志模块可实时记录操作人员对设备的控制和参数的调整,防止参数调整后报错,一旦出错,可通过记录参数进行回调。

5. 异常日志

异常日志模块的功能是记录污水处理设备、人员操作、设备出水等异常信息，对实时错误情况的把握，及时处理异常。

13.3 农村地区智慧污水系统

随着国家对水环境的日益关注，再加上新农村建设等政策的持续推进，农村偏远地区的生存环境尤其是水环境也日益受到重视。但是之前由于一些特殊原因，国家关注更多的还是长江、黄河等大型流域的水环境，对农村地区水环境的关注稍显不足。三四十年前还能淘米洗菜到如今的黑、臭、脏，部分农村地区的水环境已经日益恶化到不得不治理的地步，因此给智慧水务在农村地区的发展带来了新契机。

13.3.1 农村"智慧水务系统"

13.3.1.1 系统概述

敖旭平等人通过传感器、控制设备及GPRS技术，建立了农村"智慧水务系统"，对农村地区的生活污水进行处理[116]。该农村"智慧水务系统"可以通过移动客户端智能管理，并能对上百个监测站点进行远程集中管理，实时在线收集污水的流量、流速、水质指标等，利用大数据分析技术对所采集到的数据进行整理、分析，对"智慧水务系统"的曝气时间、曝气量等重要参数进行优化，从而达到提高管理效率、降低能耗、延长设备的使用寿命等目的。同时，该系统还为农村生活污水处理提供大数据平台，在其他农村地区建立农村"智慧水务系统"时有例可循，降低建设成本。

13.3.1.2 农村"智慧水务系统"的应用

以浙江省某行政村"智慧水务系统"的单个监测站为案例介绍该系统的应用，该系统主要处理该行政村居民日常生活所产生的生活污水。通过农村"智慧水务系统"的应用，管理人员能实时对污水处理工况进行远程监测，提高了工作效率的同时也降低了处理成本。

1. 监测站点简述

该站点的设计处理水量为 20 m^3/d，采用微动力一体化污水处理设备（AAO工艺），设计出水水质为《城镇污水处理厂污染物排放标准》（GB 18918—2002）一级B标准。该监测站点在农村"智慧水务系统"的基础上增加了一个一体化智能监控设备，利用移动物联网技术将一体化智能监控设备与现场的水泵、风机等设备进行对接。再通过一体化智能监控设备中的通信模块，利用3G网络实现总部服务器与该智能监控一体化设备的远程对接，实现对设备的远程控制、数据采集、远程抓拍和视频监控。2014年1月该监测站进入运行阶段，并由总部进行远程控制。

2. 农村"智慧水务系统"处理效果

通过定时测量该监测站点的出水水质（COD、氨氮、TP），发现该行政村排放的生活污水经过农村"智慧水务系统"处理后，出水水质可以达到设计的一级B标准。

该监测站点进水 COD 不稳定，波动幅度较大，通过实时调节曝气量与曝气时间使系统可以适应 COD 的波动给系统带来的负荷冲击。该系统能有效去除污水中 COD，使出水 COD 可以稳定在 35.27～46.14 mg/L，达到了国家污水厂出水水质的一级 B 排放标准。此外该监测站点进水的氨氮与总磷含量分别为 11.29～18.72 mg/L、2.97～4.03 mg/L，经过农村"智慧水务系统"处理后出水氨氮可以稳定在 8 mg/L 以下，总磷稳定在 1.0 mg/L 以下。该监测站点出水的各项水质指标均稳定达到了一级 B 标的排放标准。

13.3.2 乡镇生活污水收集处理系统

湖北省襄阳市为了改善包括 11 个县（市、区）及 78 个建制镇的生活环境，建立了一套乡镇生活污水收集处理系统。该系统总计需要建设 140 个污水处理厂站，其中 107 个污水处理厂站的主体部分已经基本建成，目前正在分批对已经基本完工的污水处理厂站的处理设备进行单机调试、多机联机调试及生化调试。截至目前，该系统的污水排放主管网已基本完工并且完成了 90%的支管网的建设，且污水处理厂站的接户管网的覆盖率达到了 86%。

已经建成的 107 个污水处理厂站已经实现了高度的智能化运行与管理，除了必要的值守人员外基本不需要运营维护人员。这些乡镇污水处理厂站的处理设备基本全部实现了自动化智能运行，不需要污水厂额外派遣相关技术人员现场实时值守，仅需技术人员对相关设备进行定期巡检（一般是每周巡查一次）。为了便于污水处理厂站的后续管理，襄阳市开发了基于市、县、乡三级的乡镇智慧水务平台，该平台能够全时段对所有污水处理厂站的数据和工况进行远程监控与参数调整。到目前为止，市、县、乡三级智慧水务平台中的市级智慧水务总控平台业已搭建完成，其中有 7 个智慧水务管理分中心已经建成并陆续投入使用，实现了对已投入运行的 84 个厂站的实时监测。此外，60 个建制镇污水厂站的在线监测设备已经初步完成安装并进入调试阶段，其中 59 个污水处理厂站的数据已经接入了湖北省的生态环境厅监测平台，实现了对襄阳市城乡水环境的实时监控。通过对乡镇生活污水收集处理系统的应用，有效改善了襄阳市的农村人居环境及汉江流域的水环境，惠及上百万乡镇居民。

14 智慧水务发展前景

14.1 发展中国特色智慧水务系统

14.1.1 国内外水务发展状况对比

14.1.1.1 我国供水状况

（1）供水产能不断增高，公共供水快速发展。

"八五"以来，国家和各级地方政府高度重视城镇居民的饮水用水问题，加大了包含城镇供水系统在内的一系列基础设施的投资与建设，在方便人民生产生活的同时促进了我国经济社会的发展，也极大地促进了我国的城镇化进程。

据国家统计局数据显示，2010年我国的城镇供水总量和全国总人口分别为6 021.99亿m^3、134 091万人，到2017年我国的供水总量和全国总人口分别达到6 043.4亿m^3、139 008万人，在2010—2017年这8年间我国城镇供水总量与总人口数量相较于2010年分别提高了0.36%、3.67%。我国供水能力虽然在8年间仅仅提高了0.36%，但相对于人口的增长速度，我国在城市供水能力的提高上已经有了长足的进步；在这几年间我国供水企业对相应的供水设备及水处理工艺进行了更换和升级。从总体上看，我国城市供水能力在很大程度上已经能满足城市用水的需求，但还存在一些缺口。

（2）供水技术取得突破，与国际先进水平的差距缩小。

《城市供水行业2000年技术进步发展规划》实施以来，随着改革开放的进一步加大，全国的供水企业积极引进先进技术与管理经验，并将国外的先进技术、管理经验与国内的研究成果相结合，获得了较好的效果。

① 新建的供水厂在工艺上采用了国外较成熟的工艺，选用了性能优良的机电设备和精准度较高的仪器仪表。主要表现在：

a. 大胆采用国外先进且成熟的自来水净化工艺，如引进国外广泛应用的V形滤池，在国内取得了良好的效果。

b. 大胆改进、优化现有工艺，经过科技工作人员优化的平流沉淀池等技术也再次受到重视并加以应用。

c. 部分供水厂初步实现了自动化或半自动化控制，先进的在线检测仪器、仪表在一定范围实现了成规模的应用，降低了企业的运营成本与发生事故时所受到的损失。

d. 使用机械性能良好的各类水泵、阀门等，降低了发生意外事故的概率。

e. 大量的新型管路材料得到推广应用。

② 全国数百家老旧供水厂经过技术改造，基本实现了供水厂的现代化。当今有机化学工业发展迅猛，取得了许多重要成果并逐渐投入应用，尤其是在农业中大量使用有机化学工业的成果——有机农药。虽然部分有机农药的成分能够在环境中自然降解为对人体无害的物质，

但是仍然存在一些易溶于水且在自然环境下难于被降解的有机物质，这些难以降解的有机成分大多对人体具有较强的副作用，甚至可能致癌。城市供水厂处理的工艺流程一般是"絮凝—沉淀—过滤—加氯消毒"这四步，但这种简单的自来水处理工艺，已经不能够有效去除那些溶于水且难以降解的有机物。"絮凝—沉淀—过滤—加氯消毒"工艺通常为了充分杀死水中的细菌等微生物而加入过量的氯，导致供水厂向外输出的自来水中含有过量余氯，余氯的存在会破坏人体从大米、蔬菜等摄入所必需的维生素，破坏营养的平衡；长期使用含氯的水洗浴会导致皮肤干燥易裂、头发分叉[17]。老旧供水厂的技术升级过程中，改造的重点主要是絮凝沉淀池、过滤池，还有相应的工艺和设备。

老旧供水厂通过一系列的技术改造，达成了以下目标：
  a. 提升了供水厂的出水水质；
  b. 增强了供水厂的供水能力；
  c. 有效地降低了能耗与物耗；
  d. 提升了供水厂的管理水平。

（3）水资源短缺，水环境污染形势更加严峻。

我国水资源十分匮乏，人均占有量仅为世界平均水平的1/4；水资源在地域上分布不均衡[117]，北方缺少、南方丰沛，西部内陆降雨相较于东部沿海地区显得匮乏，尽管我国的国家级水利工程——"南水北调"工程相当程度地缓解了北方人口密集地区城市的供水问题，但是还不能完全解决，而且"南水北调"工程也对我国部分地区的生态环境造成了一定程度的不利影响；水资源的季节变化性大，比如在夏季，北方地区干旱少雨、城市供水压力大，与南方地区暴雨成灾及雨后城市内涝造成的淡水资源浪费形成了鲜明的对比。

进入21世纪以来，我国正朝着城镇化的方向快速迈进，我国城市用水压力愈加紧迫，而且有从地区性缺水向全国性缺水蔓延的趋势。全国的供水基础设施日渐完善的当前，淡水资源的短缺仍然是城市供水压力巨大的主要矛盾，全国水资源环境的持续恶化更是进一步加大了这个矛盾。水资源的短缺和糟糕的水环境，给提高城市供水水质带来了巨大的挑战。

（4）二次供水设施及管理落后，出水水质难以保证。

城镇化进程虽然强有力地推动了我国的经济发展，城市的数量与规模愈加庞大，这就造成了二次供水的现象普遍存在。以重庆为例，重庆地处西南多山地区，它庞大的体量导致不同城区之间海拔高度落差极大，一次供水根本不足以满足整个城市的用水需要，这就需要建立多个二次加压泵站对自来水进行多次加压才能保证居民的正常用水。然而，我国城市二次供水设施的蓄水池材质大多是微生物容易附着、生长的混凝土，而且部分二次加压泵站的铁质输水管、水箱等也出现了严重的锈蚀现象；多数水箱容积过大，自来水滞留时间过长导致水中的余氯快速消失从而滋生细菌等微生物，降低了水质；封闭性差、工艺落后及使用的输水管材不合格，空气中的病原微生物可能会进入水中，影响水质；管理不善、技术落后，水箱和水池等设施难以进行定期的清理和消毒；二次供水设施落后和管理的缺失，自来水被二次污染的情况普遍存在。

（5）供水设施分布不均衡，公共供水设施效率低。

近年来，我国城市供水设施越发完善，供水能力也不断提高，但还存在地区间的不平衡，尤其是城乡之间相差较大。城市发展快速发展的同时，国家也愈发重视广大农村的发展，制定了诸如"城乡一体化""建设新农村"等政策来拉动农村的发展。但是仍然存在太过偏远的地区没有享受到国家助农政策给农村带来的好处，在这些地区，大多没有自来水厂，只能使用井水或没有安全保障的地表水；还有少部分的农村地区虽然建有小型的供水厂，但是供水能力小、设备老旧、处理工艺简陋，无法完全满足该地区居民的日常用水需求。

部分城市的供水管网建设不配套，同时部分居民的自备井供水设施的发展也对公共供水造成了一定的不利影响，使得公共供水设施利用率偏低，造成了严重的资源浪费。全国城市的公共供水设施的闲置生产能力高达20%，其中有些城市有接近一半的闲置生产能力，甚至极个别城市有高达80%的供水闲置生产能力。

（6）智能化水平亟待提升。

因为国产水处理设备在性能和使用寿命方面不及同时期国外同类型的设备，所以国产设备在使用过程中故障率较高。加快引进、吸收国外先进技术并发展拥有自主知识产权的先进技术，尽快摆脱先进水处理设备受制于人的困境，仍然是当前我国水务行业持续发展的重要内容。

采用自动控制加药和消毒的城市供水厂较多，但是在部分偏远地区的中小城市大多仍是采用人工加药。人工加药在控制加药量时不够准确，不能充分发挥所加药剂的作用，不利于降低供水成本和保证供水水质。

（7）政府鼓励民办供水企业。

改革开放尤其是近十几年来，全国城镇化进程骤然加快，城市供水厂的供水能力逐渐不能够满足人们日益增加的用水需求，有的地区已经出现了"闹水荒"的现象，加之国家鼓励创立私营企业，在一些大型城市已经出现了私营的供水企业。因为供水企业要同时兼顾社会效益和个人利益，所以私营性质的供水企业在运营过程中必须受到政府有关部门的监管。

14.1.1.2 我国污水处理状况

（1）投资大，收益慢。

在城市发展过程中，因为水务行业兼具公益性与基础性，一次性投资较大且收益慢，使得水务行业具有较强的垄断性，所以水务行业仍然是城市的热点投资项目。污水处理企业初始投资大，收益慢。在我国，污水处理厂一般都是由国家投资或参与投资建设的国有企业或合资企业，完全私营性质的污水厂的数量非常少。

（2）水环境愈发受到社会舆论的关注。

改革开放使得我国经济迅速发展起来，实现了从站起来到富起来，衣食住行四方面都经历了一个巨变的过程。人民在生活水平日益提高的同时，也对生活环境给予更多的关注与重视，发现环境尤其是水环境问题已经影响到了他们的正常生活，水环境愈发受到社会舆论的关注。

（3）生态环境与饮水安全问题日益受到国家重视。

党的十八大以来，习近平总书记多次强调和论述"绿水青山就是金山银山"的理念。金山银山和绿水青山的关系，归根到底就是正确处理经济发展和生态环境保护的关系。这就表明国家已经下定决心要强有力地治理我国的生态环境问题，并且将治理生态环境保护作为一项长期的国家发展战略。生态问题尤其是水污染受到广泛的关注，水与人类的生产生活息息相关，饮水安全问题是关乎民生的大问题。所以，水污染治理是一项国家的重大举措。

（4）污水处理工艺能耗大，效果不理想。

城镇污水处理行业是高能耗行业之一。我国现阶段绝大部分的城镇污水处理厂已经取消了沉淀池的设计，为达到污水的排放要求，普遍采用了延时曝气等能耗较高的方法。我国当前采用的污水处理工艺主要是活性污泥法工艺、AAO及其改良工艺、氧化沟工艺、SBR工艺、人工湿地类工艺、生物膜类处理工艺等，但是以上几种污水处理工艺的单位耗能都很高，再加上脱氮、除磷等高能耗处理技术的应用及推广，处理污水的单位耗能呈现出增加的趋势。依据"中国城镇排水统计年鉴 2011"的数据，全国城镇污水处理厂的平均电能消耗为 $0.307\ kW\cdot h/m^3$，而同期美国污水处理厂的平均电能消耗为 $0.2\ kW\cdot h/m^3$，日本则是 $0.26\ kW\cdot h/m^3$。我国城镇污水处理厂的污水处理工艺系统中，仅能耗一项就占到整个污水处理厂总运营成本的 30%～80%，随着我国人口的持续增长及更高的污水排放标准的制定，未来几十年污水处理的能耗还将进一步增加。这也导致了将来节能降耗与更加严格的污水排放标准相冲突的尴尬局面。

尽管在污水的处理工程中采用高耗能处理工艺，但是我国城镇污水处理的效果并不理想，污水厂出水中仍然含有少量对人体有害的污染物。短时间的使用不会造成太大的影响，如果长期使用会使得水中残余的污染物在人体内富集，最终会对人造成不可逆转的伤害。同样，污水处理过程中会产生大量的污泥，据估算污水中有将近一半的污染物进入污泥中，如果这些污泥没有经过妥善的处理，还可能造成二次污染。

（5）污水资源化进展缓慢。

随着经济的持续发展与人口数量的增加，我国污水排放的总量也越来越大。现在越来越多的人逐渐认识到污水中蕴藏着无可计量的资源，处理污水不仅要消耗大量的能源，而且会使污水中蕴含的资源白白流失。以有机废水为例，在有机废水中包含有机化学能、热能及再生水资源这三大类资源。在一定条件及微生物的作用下，可以将有机废水中的有机物转化成甲烷气体或氢气；同样有机物也可用于微生物燃料电池（Microbial Fuel Cell，MFC），微生物燃料电池是一种利用具有电化学活性的微生物直接将蕴藏在有机污染物中的化学能转化为电能的新型废水处理装置[118, 119]。污水中所蕴含的热能包括水的潜热与显热，可以利用热泵机组将污水中蕴含的热能提取出来做功，实现污水热能的回收利用，如果能把全国每年排放的上亿吨污水中蕴藏的热能进行回收利用，那将会使整个人类为之受益。

（6）污水处理厂分布不合理。

虽然近十几年国家加大了对污水处理行业的投入，全国污水处理厂的数量与日俱增，但也暴露了一个问题，那就是污水处理厂在不同地区之间分布不合理，尤其是城镇与农村地区差距较大。有的城市在发展壮大的同时，有关政府部门在规划城市布局时考虑不全面，直接的后果就是城市的污水处理厂分布不合理，导致有的污水处理厂超负荷运行，而有的则没有达到污水处理厂设计的污水处理量，造成极大的资源浪费。与城市情况不同，有相当一部分的农村地区没有污水处理厂，生活污水、养殖废水等直接排入河流等水体中，造成严重的地表水体污染。由于国家对农村地区的关注及为了响应"建设新农村"政策，广大农村地区没有污水处理厂的局面正在得到逐步改善。

（7）污水处理行业发展潜力巨大。

我国污水处理企业并不直接向各排水单位收取相关污水处理费用，这部分费用包含在水费里，由供水企业统一收取，然后由供水企业向污水处理部门支付一定费用。这种收费模式虽然省略了污水处理企业向排水用户收费的步骤，简化了收费模式，但由此导致了一个严重的后果，那就是污水处理企业考虑更多的不是通过努力发展自身、强化自身（改进污水处理工艺、降低能耗）促进国家水务发展，而是通过不科学的方式（加大投药量、加大曝气量等）确保出水达标。这种局面制约了我国水务尤其是污水处理行业的发展潜力，并进一步拉大了与国外发达国家水务行业的差距。所以，必须加速、深化对水务行业的改革，快速释放我国水务行业发展的潜力，努力缩小与国际先进水平的差距。

14.1.1.3　国外水务发展状况

与中国不同的是，西方发达国家得益于工业革命迅猛发展，城镇水务经过数百年的发展，水务系统已经相对成熟；而东南亚国家与中国的情况有些类似，但也存在着较大的差异（如国内的政治环境及所处地域不同）。下面以北美地区的美国、西欧的英国及东南亚的泰国为例介绍水务发展状况。

国外水务发展状况

14.1.2　中国特色水务系统思路

以下从几个方面来讨论发展中国特色水务系统的思路。

14.1.2.1　因地制宜

进入21世纪以来，随着我国经济的快速发展，我国的城镇化进程也骤然加快，城市的数量和规模越来越大，在这过程中也出现了一些问题，那就是一些相关的市政工程却没有得到同等的发展，尤其是城市供水问题。重庆就是一个典型的案例。

重庆地貌以丘陵、山地为主，坡地面积较大，有"山城"之称。重庆自被列为直辖市以来，发展十分迅速，城区的范围也愈发宽广。但正是因为重庆所特有的地形地貌，各主城区甚至同一个主城区的不同区域之间的高度落差不一，再加上它的发展速度，城区供水压力也越来越大，以前本可以满足整个城市的生产生活用水需求的供水设施，逐渐不能适应城市的高速发展，甚至影响整个城市的正常运行与发展。为了改善这种情况，二次供水似乎成了唯一的选择。

虽然二次供水能在短时间内使水压、水量和水质达到相关要求，但是随着时间的推移，二次供水也暴露出了越来越多的问题，尤其是输水设备老化严重、水质下降、能耗大等问题突出。二次供水设施主要由蓄水池、泵站及相应的输水管网组成，但是这些设施长时间处于负荷运行状态，难以定期清洗与维护，导致病菌滋生，严重影响了二次供水的水质。既然二次供水的出现不可避免，就只能在技术和管理上尽可能降低发生二次污染的可能。在技术上，开发新型的耐腐蚀、抗高压的新型输水管材及加大水污染治理新技术的研发力度，同时在技术水平上我国也有实现这个目标的实力。在管理上，继续优化现阶段的管理模式，学习国外同行的先进管理经验，从而促使自身得到发展进步。

二次供水还存在能耗大的问题。供水用户的不同也造成了用水时段的差异，现阶段城市二次供水站的二次加压泵通常是非可调式的加压泵，在非用水高峰时段二次供水的加压泵电机与用水高峰时段的功率相同，这就造成了能量的不必要损失。所以，将二次供水站的加压泵更换为可调式的加压泵，这样做所节省的能量可能对一个二次供水站甚至一座城市是微不足道的，但对整个国家来说所节省下来的电能却是十分可观的。

14.1.2.2　强化自主创新

自智慧水务的概念出现以来，我国在智慧水务方面的探索也进行了一段时间，在这期间取得了一定的成绩，但也发现了一些问题。

其一就是仪器的监测时间较为滞后：从取样到检测，再到有结果，这一个过程仍然需要一定的时间，现阶段尚且无法做到实时在线检测。在这段时间内，不达标的水就有可能被输送到千家万户，如果这种不达标的水被用户使用，可能就会造成无法挽回的惨重损失。其二是相关仪器的使用成本也较为高昂：一些精度高、灵敏度高、运行过程稳定的仪器设备大多需要进口，从而造成使用成本相对较高，无法大规模推广应用；国内的仪器设备虽然在价格上有较大的优势，但性能却不及国外的同类产品，导致水质不能保证稳定达标。

大力发展拥有自主知识产权的在线监测设备与技术就是解决上述问题的重要途径之一。例如，智能变频调控技术[129]，该技术能依据用户的实时用水需求向不同的用户输水，可以节省不必要的能量损耗，从而达到节能降耗的目的。

14.1.2.3　强化政府监管

世界各国依据自身的特殊国情制定出了各有特点的水务政策，中美两国的水务政策就是一个很好的案例。

首先，美国已经实现了高度的城镇化，其人口主要集中在各大小城市，农村地区人烟稀少，加上美国的主要城市大多临近美国境内的大型淡水湖泊、河流，供水压力并不大。近几十年来，美国盛行的去工业化思想再加上相对较高的人力生产成本，导致绝大部分高污染的工厂被转移至非洲和南亚等欠发达地区，这一切造成美国的水环境压力比我国小很多。

其次，美国是一个非常典型的资本主义性质的国家，再加上20世纪90年代美国深受国有企业私有化进程的影响，美国的水务系统形成了由私营水务企业进行生产与管理、联邦政府与各级州政府参与监督的水务格局。美国这种生产管理与监督分工合作的新水务模式十分有利于美国水务的发展：首先，美国联邦政府及各级州政府可以大幅减少原本投入水务的资金并将之用在其他方面，有力地缓解了政府的财政压力；其次，水务是民生工程，首先要保证居民有能力支付达标可用的自来水费用，同时又要保证水务企业有利可图，维持企业的正常运转，这就促使水务企业采用新型水处理技术，降低处理成本，增强企业在水务市场的竞争力。

我国有世界上最复杂多样的地形地貌，再加上人口众多等因素，导致我国水资源人口分布不均，呈现出东部沿海地区多、西部高山地区少，沿江、海、交通线等交通便利的地区多，交通不便的地区少的总特征。复杂的人口分布特点决定了我国水务环境的复杂多变性，也给水务管理带来了巨大的困难。我国水务的发展方向是先城市发达地区然后是农村等相对落后地区，由城市向农村地区辐射。虽然这样的水务发展模式能暂时解决问题，但也留下了不少隐患。随着经济的快速发展，这种水务发展模式逐渐不能满足现有的用水需求，城乡之间的水务分布格局呈现不合理、不充分的现状，进一步拉大了城乡差距。2020年要全面建成小康社会及消除贫困的战略目标，国家提出了建设新农村等一系列方针政策，加大了农村地区基础设施建设的投入，取得了良好的成绩。

人口众多是我国的基本国情，这个国情就要求有关政府部门与水务企业水质监测部门严格把控出水水质，无论是城镇污水处理厂还是自来水厂，否则就有可能造成灾难性的后果。如果污水处理厂出水水质不达标，就会对周围的自然水域造成影响，有可能进一步引起巨大的经济损失。城镇自来水厂更是如此，我国对供水厂的要求更加严格，《中华人民共和国城市供水条例》第六章第三十三条规定：城市自来水供水企业或者自建设施对外供水的企业有供水水质不符合国家规定标准行为的，由城市供水行政主管部门责令改正，可以处以罚款；情节严重的，报经县级以上人民政府批准，可以责令停业整顿；对负有直接责任的主管人员和其他直接责任人员，其所在单位或者上级机关可以给予行政处分。

与美国鼓励、主张企业私有化不同，我国是一个社会主义性质的国家，涉及民生的许多行业（如水务）均为政府所有，也就是说这些行业中的企业是国有性质的。目前我国水务企业国有的格局在很大程度上保障了全体人民的利益，大多水务企业的运营处于亏损状态，每年都需要政府的财政补贴才能维持企业正常的运转，十分不利于整个水务行业的健康发展。改善我国水务行业现状的措施就是鼓励由有关政府部门进行监管的水务私营化，推动形成水务行业形成竞争机制，增强我国水务行业的活力。

14.1.2.4 制定应急措施

城市水务系统在运行过程中，或天灾，或人为，以及其他的原因，总不免会出现一些意外事故导致水务系统的供水网络出现问题，这就需要针对紧急情况采取一定的应急措施。

城市内涝——在雨季，因突发暴雨而导致的城市内涝几乎困扰着我国所有的城市，即使是重庆市这样典型的山地城市，城市内涝也时有发生。而城市内涝问题产生的根本原因就是城市排水系统设计不合理，城市排水系统的排水能力没有达到要求。针对城市内涝的解决措施有以下几种：一是对整个城市的排水网络进行改造，扩大排水管道的直径，进而增强城市的排水能力，但这种方法费时费力，在少雨季节原本的排水系统就能满足要求，在一定程度上造成了资源的浪费；二是在城市地势低洼地区安装大功率的抽水泵，在发生内涝时启动，排出城市积水，这种方法同样存在缺陷，需要有专人对抽水泵进行定期维护，无法做到无人化、智能化操作。

火灾救援——全球每年因火灾造成的损失惨重，虽然现代城市对建筑物消防问题十分重视，城市灭火设施尤其是消防栓布置较为完善，但火灾还是时有发生。尤其是在一些小型城市的用水高峰期，部分地区因为消防用水与居民用水来源相同，导致消防用水的水压急剧下降，从而弱化了城市的消防能力，增大了发生火情的风险。所以在一些消防、生活用水是同一来源的城市或地区来说，在适当的地方加装水增压设备就是一个很好的选择，使用方便且成本较低。

14.2 与新技术、新理论结合

14.2.1 人工智能技术

以当前的技术手段，我国的水务最多能够实现从自动化、机械化到以多种先进检测技术与处理技术为主、人工判断为辅的水务系统，现阶段还不能实现水务的无人操作与管理。人工智能技术的潜力是非常巨大的，可以广泛应用于科技、军事、管理等领域，要想实现城市智慧水务这一宏伟目标，人工智能技术的支持就必不可少。但是当前人工智能的水平还不足以支撑智慧水务的实现。随着计算机信息技术与大数据分析技术的不断发展进步，完善的人工智能技术必将会出现。完善的人工智能技术的智能化水平相较于现阶段的人工智能将达到一个新高度，它将拥有模拟人类的思维方式与思维能力，可以独自处理水务中的各种突发的意外事故，将事故造成的损失尽可能降低甚至消除。

14.2.2 大数据分析技术

随着科学技术的快速发展，各种数据分析处理技术也得到了极大的发展并广泛应用于城市的方方面面。近年来，大数据分析的概念逐渐深入人心。所谓的大数据分析，就是指依据通过某种方式所获得的大量数据资料进行归纳、总结、分析，从而得到某种结果或者对某一事务进行预判的一种数据分析技术手段。城镇化所涉及的不仅是城市人口的增长与经济的发展，更多的是城市的基础设施及管理。城镇化的快速发展将会给城市的管理带来更大的压力，尤其是与民生相关的用水和用电方面。

首先，可以运用大数据分析技术对城市的给排水和供电能力做出正确的预测，使之达到在紧急情况下（比如出现自然灾害、电网大面积停电、水网大面积停水等）可以做出合理有序调度的效果。

其次，也可以运用大数据分析技术对城市供水的源头水的水质做出预测。一座城市，城市的规模无论是大还是小，其用水需求也不是一家水务企业所能满足的，所以供水厂的取水口也不尽相同，而城市供水厂的水源一般是河湖中的地表水，导致取水口所在地点的水质也有差别。比如，取水口所在地的上游有化工、炼钢、采矿等企业，那该取水口所取水中的重金属离子浓度、COD 就很有可能比其他取水口的水源要高；同样，如果有取水口 A 和 B，A 与 B 两个取水口分别处于两条不同的河流，A 所在的河流上游突发暴雨导致河流中夹杂着大量的泥沙、树叶等杂物，B 所在河流水质清澈见底，水中无明显杂物，两个取水口水质的差别导致水的处理工艺不同。针对以上这两种情况，可运用大数据分析技术对供水厂的水源水质做出正确的预判，从而降低城市供水厂的水处理成本与处理难度。

同样，季节的变化也会对城市供水水质造成影响。拉萨市临近雅鲁藏布江且全年少雨，是一个典型的内陆少雨城市。拉萨城市用水的来源有两个，分别是雅鲁藏布江的地表水和地下水。在丰水期，一般多用雅鲁藏布江的地表水，在枯水期多用地下水。雅鲁藏布江是高山融雪形成的，再加上拉萨是一个以旅游业为主导的城市，没有什么工业，所以其水质较好，与拉萨地下水水质没有太大差异。

呼和浩特市的城市供水与拉萨有些相似，但也有区别。呼和浩特的城市用水主要来自地下水，地表河流水起补充作用。呼和浩特有接近 2/3 的供水来源于地下水，1/3 的供水直接来源于黄河。呼和浩特是一个重工业企业较多的工业城市，导致呼和浩特周边的地下水资源受到了一定的污染，所以呼和浩特地下水的水质低于拉萨；再加上黄河是我国水体污染最严重的河流之一，虽然近年来开展了一系列的黄河水体污染整治行动，取得了一定的成效，但污染还是比较严重。以上原因导致呼和浩特城市供水水源水质较差，处理工艺更为复杂，处理难度更大。运用大数据分析手段可以大致预测呼和浩特水源（地下水、黄河地表水）在某一时段的水质，从而调整供水来源的水量比例，从中使得供水厂出厂水质与处理成本达到最佳的平衡，使居民能用到放心的水，企业也可以正常运行并获得盈利。

运用大数据分析技术的好处是十分明显的，在维持城市健康运行的同时，还能显著降低城市的管理成本（主要是人力成本），降低资源能源的损耗。

14.2.3　废水资源化技术

现代城市每天都会产生大量的污水，这些污水以来源为标准可分为生活污水与生产废水。其中的生产废水依据主要污染物的组成成分可划分为高盐废水、重金属离子废水、高浓度有机废水及有毒废水等。污染物的成分越简单，则废水的处理难度就越小，处理成本也越低；相反，污染物成分越是复杂多样的废水，其处理工艺更复杂，成本也越高。而现阶段我国城市污水处理厂污水来源不同，带来的后果就是污水处理厂处理的污水中污染物成分十分复杂，存在处理工艺难度大、能耗高等问题。所以，污水的智慧处理作为智慧水务核心组成部分之一，废水的资源化处理也是智慧水务的重要内容之一，更是智慧水务的一个重要发展方向。对含有不同污染物成分的废水有针对性地运用不同的处理工艺，在降低处理难度与处理成本的同时，还可以对污水中蕴含的资源（比如高盐废水中的盐成分、高浓度有机废水中的化学能等）进行回收利用。

在处理高盐废水时，可以使用热浓缩、电吸附和膜分离[130]等技术对废水中的盐分进行浓缩、回收再利用。在处理含有大量重金属元素的废水时，可以运用吸附法、沉淀法、电化学法及膜分离法[131]对废水中的重金属元素进行回收利用。同样，在用厌氧消化法处理高浓度有机废水的过程中会产生 CH_4 等气体，其中 CH_4 可以作为一种能源使用。

尽管用不同的水处理工艺处理不同种类的废水可以将废水中的污染物变废为宝，但还存在一些问题还未解决：一是要实现不同种类废水的资源化，初期投资很大，少有企业有能力承担；二是以当前的技术手段难以实现，效率较低，废水资源化的投入远大于产出。

14.2.4　非开挖管道修复技术

除人工智能技术外，非开挖式给水管道更换、补漏技术也是实现智慧水务所需要重点攻关的关键技术之一。我国城市给水管道一般是采用地埋式，管道处于地面以下。城市给水管网出现漏水的情况时有发生，在处理这种情况时，通常做法是需要挖出漏水管道才能进行给水管道的修补或者更换，费时费力的同时还影响居民用水。非开挖式给水管道更换、补漏技术是解决城市给水管道破裂漏水问题的重要方法，这种新式管道修补技术与传统技术相比优势非常明显，省时省力的同时还不影响居民的正常用水。

近年来，一些非开挖管道修复技术也开始应用在市政建设、城市交通等工程[132]中，如环氧树脂涂衬修复技术、聚合物水泥砂浆涂衬修复技术、胀管置换管道改造技术、HDPE 内穿插管道修复技术等。但是当前的管道修补技术还存在一些不足：环氧树脂涂衬修复技术在应用过程中可能出现涂层脱落等情况；聚合物水泥砂浆涂衬修复技术的施工工期比较长，在弯头、三通等连接处需要人工操作，且该技术还只能应用在中小管径的管道修复；胀管置换管道改造技术不适用于地下管路过于复杂、紧凑的管道。因此，新式非开挖管道修复技术的研发仍然是城市水务亟待解决难题。

14.2.5 水务系统安全防护技术

14.2.5.1 设备安全防护

加强监测设备的安全防护即保障数据采集过程的安全[133]是智慧水务建设的关键之一。智慧水务中的监测设备大多由成本低、体积小、能耗低和计算机资源有限的传感器节点组成，通过有线或无线网络将数据传回监控中心，监测设备的工作环境较差，主要体现在感知节点易被破坏、通信环境复杂容易受到干扰、数据传输通道的稳定性与可靠性较差、数据信息容易缺失或遭到污染等数据采集的安全问题。尤其是数据传输过程，智慧水务的"智慧"体现在整个水务系统中各监测设备的数据可实现一定程度的共享，数据传输过程的不稳定甚至会造成水务系统的崩溃，可以采用抗干扰技术和改变数据传输方式这两种方法来解决数据采集的安全问题。

14.2.5.2 网络安全防护

21世纪是属于计算机与互联网的时代，随着无线通信技术与计算机网络技术的不断发展，网络化、数字信息化已经融入人类的生产生活中，从自动化向智能化的发展已经成了促进全人类发展进步的必然要求。计算机网络技术的发展也给国内外企业的生产经营管理带来了巨大的变革，各行业企业正朝着信息化、网络化的方向快速发展，企业与企业、企业内部各分管部门间通信网络系统的建立，极大地方便了企业与企业、企业内部之间的合作与交流。智慧水务作为近几年兴起的水务发展概念，诞生伊始就将水务事业的数字化、网络化作为发展智慧水务的核心思想，使水务管理更为简洁、高效、安全。但近年来网络安全威胁日趋严重，不断演化的网络攻击（如勒索病毒、瘫痪网络等）对政府与企业造成了极大的损失：从2000年3月澳大利亚昆士兰的马卢奇污水处理厂事件、2003年1月美国俄亥俄州Davis-Besse核电站SQL Slammer蠕虫病毒攻击事件到2014年"超级电厂"病毒事件、2015年乌克兰的"Black Energy"病毒事件、2016年乌克兰机场事件等网络攻击无一不说明了当前的网络世界正遭受严重威胁。

水务事业是一座城市最基础也是最为重要的组成部分。尤其是智慧水务是以网络为基础建立起来的，一旦水务企业的信息传输网络被攻击，从而使自来水厂中各控制设备的参数出现剧烈变动，使水厂出水水质达不到饮用水的标准，造成的后果是灾难性的。所以，智慧水务建设过程中，网络安全是保障智慧水务持续稳定发展的关键。解决水务网络安全问题有以下几种措施：加强防火墙及属性安全控制、加强入网访问控制、强化员工上网行为管理、病毒防护、采用漏洞扫描等。

（1）加强防火墙及属性安全控制。

对于广大的计算机使用群体来说，防火墙的概念并不陌生，计算机防火墙是专为计算机用户安全利用网络而设置的一个防护层。虽然目前的Windows系统普遍支持防火墙的应用，计算机网络技术飞速发展的同时网络攻击的手段也越发多样，单纯在计算机设置防火墙已经难以保证在越发诡异和危险的网络攻击中不被攻破。防火墙最主要的作用是在确保网络流量合法性的前提下将网络的流量快速地从一条链路转发到另外一条相对安全的链路上去，从而避免受到更大的威胁。智慧水务系统中，为了保障网络安全，可以在每一台计算机或具有网络访问功能的联网设备设置多道防火墙，当最外层的防火墙受到攻击时能自动报警并通知网络安全负责人员采取应急措施。

（2）加强入网访问控制。

防火墙及相关的属性安全设置，并不能从根本源头上制止黑客对计算机网络的攻击，无法永久解决网络攻击的问题。从网络源头采取措施才能有效地降低发生网络攻击事件的概率，入网访问控制是对于防止网络攻击而设置的第一扇"安全门"，才能从根本源头上解决计算机网络的安全问题。在水务系统的网络中，所有的供水用户都需要在专门的移动APP或网页上经过严格的验证、登录等步骤，才能访问、查看相关的水务信息。

（3）强化员工上网行为管理。

精准管理工作人员的网络访问行为，可以对水务企业范围的移动设备的网络流量进行限速，迫使水务企业的职员使用水务企业指定的无线或有线网络，从而实现水务企业的网络安全管理员能对员工的网络访问情况进行实时监控，规范了员工对互联网资源的使用。例如：在水务员工意外进入色情、赌博、犯罪等不健康网站时，网页弹出禁止访问窗口从而阻止继续访问不安全链接。此外，水务企业还要加强对企业内部员工上网行为的审计，方便事后追查及责任认定。

（4）病毒防护。

水务企业可以采用预防为主、杀毒软件查杀为辅的防治策略来应对外部网络病毒的恶意入侵。这种防治策略首要就是要加强水务企业内部员工的防网络病毒攻击的意识，再通过严格的网络安全使用管理制度，尽量减少容易被不法分子攻击的水务网络薄弱点。同时水务企业也要加强集防杀网络病毒为一体的计算机软硬件设备的建设：水务企业的中央服务器可以加装防病毒模块等方式来防止网络病毒；同时为了避免员工意外将带有网络病毒的移动存储设备接入水务网络，需要对移动存储设备进行安全扫描并为计算机安装杀毒软件，定期对水务网络的病毒库进行升级。

（5）漏洞扫描。

水务企业可以利用网络漏洞扫描技术来增强企业内部网络系统的安全性。漏洞扫描是一种主动的网络攻击防范措施，通过对网络中的服务器、路由器、交换机、数据库等网络硬件设备进行逐一的规则检测，或者通过模拟网络攻击等方式来检测水务企业的网络是否存在安全漏洞。因此，水务企业的网络安全管理员能及时发现水务网络的网络安全漏洞，并客观评估网络风险等级，根据网络漏洞扫描结果对发现的安全漏洞进行修，做到防患于未然[134, 135]。

14.2.6 区块链技术

区块链是分布式数据存储、点对点传输、共识机制、加密算法等计算机技术的新型应用模式，本质上是一个去中心化的数据库。目前，区块链技术多应用在金融领域。在2019年9月12日—14日于美国旧金山召开的全球气候行动峰会上，普华永道（PwC）发布了一项针对世界经济论坛的新研究报告，该报告探讨了利用区块链技术解决当前影响全球环境治理的气候变化、生物多样性和生态保护、海洋健康、水资源安全、清洁空气及灾后恢复等6个领域紧迫环境问题的65种可能案例。

水资源安全领域包括水资源供应、集水管理、水资源利用效率、充足的卫生设施及干旱治理等5个方面。水资源供应包括水资源监测与管理；集水管理包括利用去中心化的集水方式提高水质，及集水区水质管理；水资源利用效率主要是为水资源建立基于区块链的点对点平台，及利用去中心化的集水方式提高水质；充足的卫生设施主要包括记录特定地区的水质数据、建立高效的水资源管理体系，及为清洁与可饮用水创建有资产支撑的货币体系；干旱治理主要是降水密度监测与预测，及干旱期庄稼自动上险。总之，区块链技术对于包括智慧供水、智慧污水及智慧水利在内的智慧水务体系的建立与完善具有极大的推动作用，但具体怎样将其融入智慧水务还需要进行大量的基础研究。

14.2.7　5G 通信技术

物联网通信技术的不断进步与突破是智慧水务得以持续发展的重要基础。从本质上看，智慧水务的"智慧"就体现在不同污水处理设备之间数据信息的交流，设备间信息交流的速度代表智慧水务的发展程度。在智慧水务中，设备信息交流数据越慢（即时延问题），发生重大安全事故的概率越大，如自来水厂中出水水质并未达标，而且此时感知板块的水质探测设备已经得到相关的水质数据，但是由于设备间信息交换速度较慢且不稳定导致感知板块探测到的水质数据并未传送到人工智能板块，致使人工智能板块无法及时将信息反馈传给感知板块的控制设备，最后导致不达标的自来水被送到用户，这样不仅可能造成重大的饮用水安全事故而且对水务企业的声誉也是一个极大的打击。所以从某种程度上说，通信技术的发展就是智慧水务的核心发展内容，也是智慧水务发展过程中出现"木桶效应"中的短板。

我国智慧水务现阶段应用的物联网通信技术主要是 GIS、3G、4G 等技术。目前，我国的 5G 通信技术处于世界领先地位并进入了试运行阶段。与 3G、4G 等通信技术相比，5G 技术拥有超高速、大容量、低时延三大优势，集中体现在数据传输过程的高速度、低消耗、无污染及高效能等方面。5G 技术能够广泛应用于工业互联网、教育、医疗、出行、影视业、人工智能机器人、生态环境体系等涉及人类社会的方方面面，给人类的生活和生存环境都带来了颠覆性的变革。由于 5G 技术在数据传输上有超高速、低时延等优势，补全了现阶段智慧水务在物联网通信技术存在的不足，为智慧水务的发展增添了新的动力，因此将 5G 技术应用于智慧水务是未来相当长的一段时间内智慧水务的发展趋势。

14.3　智慧水务的前景

2019 年 9 月 21 日—22 日在济南召开了中国土木工程学会水工业分会水系统智能化技术研讨会（2019），分会理事长在会上指出了发展水系统智能化的关键——从污水厂和排水管网的优化控制，到城市给水从源头到龙头一体化管理，关键在于效率规模、智能化和大数据。2019 年 11 月 25 日—28 日在上海召开了 IWA 可持续污水处理与资源回收创新大会，大会主要讨论了对污水营养盐的去除，从污水中回收碳、氢、磷等元素并进行循环利用，为污水处理设施的可持续运行提供了新的途径。2019 年 11 月 28 日—30 日在浙江省德清县召开以"智慧城市·共享共建"为主题的第十三届中国智慧城市大会，就智慧城市关键技术应用与集成、网络信息安全及其行业应用进行了交流，其中于 29 日召开"智慧水务·数字生态"智慧水务分论坛。频繁召开的水务会议充分说明了一个事实——我国当前的水务在自动化方面已经发展到了一个高度，但是随着社会与科技的进步，我国对于水务智能化发展的需求也是前所未有的迫切，智慧水务拥有远大的前景。

智慧水务包含了感知板块、物联网板块及人工智能板块三个板块。其中感知板块主要是具有不同功能的精密水质传感器；物联网板块是指数据传输技术或通信技术；人工智能板块的作用是对水质传感器获得的数据信息进行整理、分析，最后给出一个合理的解决方案。

但是，智慧水务的三个板块还存在一些或多或少的不足或缺陷，严重制约了智慧水务的深入发展与应用。尤其是感知板块的传感器，是发展智慧水务系统的重要基石，现有的水质监测传感器还存在诸多问题尚未得到解决，如传感器需要监测的指标多、数据误差大、运行性能不稳定、有效使用寿命短、采购成本高等。物联网板块的主要问题是数据传输设备的数据传输距离短、供电困难等，在此不做过多叙述。人工智能板块的主要问题是数据分析与优化计算等。下面主要针对感知板块与人工智能板块存在的一些问题，探讨智慧水务的发展方向或亟待突破的关键点。

14.3.1 感知板块

感知板块的主要功能是从某一水体中获得所需的水质数据，如COD、SS、pH、总氮、总磷等。目前，我国城镇污水处理厂使用的水质探测设备或方法普遍存在稳定性差、数据测量误差大等缺陷。所以从智慧水务感知板块寻求新的突破，即寻找新的稳定的水质表征方法与技术是解决感知板块水质监测问题的根本途径。以污水的COD为例，对智慧水务感知板块存在的不足提出一些新的解决思路与方法。

14.3.1.1 水质表征新理论

COD是传统的评价污水厂进出水水质的指标，然而即使处于同一水体的COD也不一定相同，这种情况可能会造成系统的误判。例如，某一池污水的平均COD为500 mg/L，有的部位COD为700 mg/L，有的部位为300 mg/L，COD监控探头传输到控制柜的数据是700 mg/L，系统就会依据700 mg/L的COD对污水进行曝气或加药，会造成能源物资的不必要消耗，还可能造成二次污染；反之，则造成污水的出水水质不达标。为了避免能源物资的不必要消耗或者出水水质不达标情况，可以建立一套新的水质表征理论和方法，作为评价污水水质优劣的标准。

针对水质参数测量结果不稳定情况，可以用某一个综合水质评价指标X来作为评价污水水质好坏的标准。假设综合水质评价指标X与城市常住人口数量、流动人口数量、GDP、当地习俗、气象、地理位置等外围数据有某种潜在的联系，可以建立一种模型，在得到人口、GDP（使用内插或者随机输入生成法计算该城市每天产生的日GDP）等数据信息后，通过这种模型就能预测当天城镇污水的水质情况。例如，俄勒冈州水质指数（OWQI）是一个单一的数字，它通过对8个水质变量（温度、DO、BOD、pH、氨氮+硝酸盐氮、总磷、总固体和粪便大肠菌群）的测量值来表示水质[136]。其目的是提供一种简单的方法来表达俄勒冈州溪流的环境水质，用于指导钓鱼、游泳等一般的娱乐用途。

14.3.1.2 水质监测新理论与新方法

目前我国的水质监测方法主要包括化学法、原子吸收分光光度法、离子选择电极法、离子色谱法、现场水质快速检测法等。其中，化学法（如重铬酸钾滴定计算法、重铬酸钾分光比色法、高锰酸盐指数等）在水质的常规监测中被广泛采用。近几年来，遥感技术逐渐成为水质监测新方向。

遥感技术是一种从远距离感知目标反射或自身辐射的电磁波信息，并对目标进行探测和识别的技术[137]。其原理是基于任何物体都具有不同的吸收、反射、辐射光谱的性能，即在相同光谱区内各物体反映的情况不同，同一物体对不同光谱的反映也是不同的，即使是同一物体，在不同时间、地点，由于太阳光照射角度不同，其反射和吸收的光谱也各有差异。遥感技术的类型如表 14-1 所示，根据搭载传感器的遥感平台不同，遥感可分为地面遥感、航空遥感和航天遥感三类；遥感探测的工作方式不同，遥感可分为主动式遥感和被动式遥感两类。除此之外，遥感技术还可以依据遥感探测的工作波段分为：① 紫外遥感，其探测波段在 1.00 ~ 380 nm；② 可见光遥感，其探测波段在 380 ~ 780 nm；③ 红外遥感，其探测波段在 0.78 ~ 1 000 um；④ 微波遥感，其探测波段在 1 ~ 1 000 mm；⑤ 多光谱遥感，其探测波段在可见光（0.38 ~ 0.78 nm）与近红外（0.78 ~ 1.5 nm）波段范围[138]。

遥感技术在水质监测应用中，首先建立监测区域水质实测数据和对应的遥感数据之间的关系模型，然后将该模型应用于整片水域的遥感影像，最终获取水域范围内的整体水质分布状况[139]。

表 14-1 遥感技术的类型

分类	类型	定义
搭载传感器的遥感平台	地面遥感	将传感器设置在地面平台上，如车载、船载、手提、固定或活动高架平台等
	航空遥感	将传感器设置在航空器上，如气球、航模、飞机及其他航空器等
	航天遥感	将传感器设置在航天器上，如人造卫星、宇宙飞船、空间实验室等
遥感探测的工作方式	主动式遥感	由传感器主动地向被探测的目标物发射一定波长的电磁波，然后接收并记录从目标物反射回来的电磁波（微波雷达）
	被动式遥感	传感器不向被探测的目标物发射电磁波，而是直接接收并记录目标物反射太阳辐射或目标物自身发射的电磁波（航空航天、卫星）

14.3.1.3 水质间接监测方法

水质间接监测方法并不直接测量废水的水质参数值，而是通过获取其他更容易获得的水质数据，通过建立模型或计算得到一个公式，间接获得水质某种参数，该参数值与废水实际参数值较接近，使用间接获得的近似水质参数替代废水的实际水质参数。例如，某一水样的 COD 值分布不均且波动较大，难以获得一个合理的 COD 值作为曝气量和加药量的标准，但是水样的色度、pH、SS 等数据比较稳定且容易获得，可以依据获得色度、pH、SS 等数据建立一个数据模型，将数据输入模型就能获得一个较为接近真实值的近似 COD 值，然后以获得的近似 COD 值为标准对废水进行曝气、加药等。又比如，对于一家短时间内连续稳定生产的企业，其生产过程中产生的废水各污染物组成恒定，且各污染物含量比例一定，那么废水中的 COD 值就有一个确定值，废水中 TOC 值（有机碳含量，mg/L）也一定。废水组成含量一定的废水，其 COD 与 TOC 之间有一种潜在的联系，这样就可以将废水的 TOC 代替 COD，以 TOC 作为评价废水水质优劣的指标。对于污染物组成、含量大致确定的城镇污水厂同样适用。

14.3.1.4 预留升级改造空间

目前我国智慧水务的发展模式大致是将物联网技术、水质分析技术、水处理技术、智能监测技术、城市输水管网管理技术整合到一起，实现对水资源的实时在线检测、管理。以我国当前的技术手段，将这种智慧水务的发展模式变为现实并不困难。我国当前智慧水务的发展模式与我国现阶段的水务现状相适应，这一点毋庸置疑，但是，我们当前正处于一个科技大爆发的时代，每天诞生的新技术、新工艺不计其数，当一项技术从出现就已经落后这种听起来不可思议的话题正变为现实，要想适应未来几十年的水务发展格局，就必须要有预见性地为现有的技术手段留下足够的升级改造空间。

例如，我国城镇输水管的管材大多是钢铁或者塑料材质的，以目前的技术手段，只能够尽最大可能提升输水管本身的强度、抗氧化、抗腐蚀、耐高压等性能指标，但随着使用年限的增加，输水管性能会逐步下降，输水管破裂导致漏水的情况可能时有发生，将会给居民用水带来不便，同时还会造成水资源的浪费。随着科学技术的快速发展，各种新型材料层出不穷，尤其是高分子聚合材料的出现，深刻改变了人类社会的生产生活。高分子聚合物是高分子聚合材料的生产原料，其强度、硬度、耐磨性、耐热性、耐腐蚀性、耐溶剂性及电绝缘性、透光性、气密性等都是使用性能的重要指标。所以，用新型高分子聚合材料生产的输水管代替钢制和普通塑料材质的输水管就显得非常重要。但为了不影响普通居民的用水要求，在这个输水管的铺设过程中，就必须要留下足够的空间用于输水管的替换。

此外，水务企业最为核心的内容——水处理设备，也存在一个更新换代的问题。水处理技术每时每刻都在进步，一套水处理设备在使用几年过后，性能会有所下降但还有着一定的处理能力，水务企业需要对现有的水处理设备、技术进行更换或者升级，同样需要一定的技术完善措施，即留下设备、技术升级或更换设备的冗余空间。

14.3.2 人工智能板块

如果说感知板块的传感器是智慧水务的"手足"，那人工智能板块便能是智慧水务的"大脑"。人工智能板块在智慧水务中的功能是对感知板块获取的数据进行整理和分析，然后针对出现的问题再根据某一模型或算法提出可行的方案，其不足也主要体现在对数据的整理与分析上。在水务系统尤其是污水系统中，常会出现缺少关键数据或存在问题数据等情况，智慧水务系统就需要具有处理类似数据缺失及数据失真等情况的能力；同时，为了保证所建模型的科学性与真实性，要充分考虑天气、人口等外围因素给智慧水务系统带来的影响，需要将外围影响因素融入人工智能板块。最后，为了保证污水处理厂的出水达标率能完全达到当地的排放标准，可对智慧水务系统进行高级功能设置以达到相关要求。

14.3.2.1 缺省数据条件计算预测

截至2016年末，我国城镇累计污水处理厂的总数量为3 552座（农村地区小型污水处理站不计算在内），其中城市2 039座，县城1 513座。由于污水处理行业投入高、回报慢，大多中小污水处理企业无力承担高额投入对老旧的污水处理设施进行现代化升级、改造，导致水质测量设备没有得到更新与维护并逐渐失效，只有采用人工定期测量的方式对水质的相应指标进行测量，造成的后果就是污水厂水质信息并不完整，无法有效判断某一时间该污水厂的出水水质是否达标并进行相应的整改。另一方面，少数大型污水处理厂各种精密水质测量、检测设施较为先进完善，但精密的水质信息探测设备采购成本高且有效使用寿命短暂，为了降低处理成本，采用间歇定时采集水质参数信息的方式以延长精密测量设备的有效使用期限，也会造成相关水质数据信息的缺失。

污水水质数据缺失即某一天的水质数据或某一批数据中一项或几项指标缺失的情况普遍存在于现有的污水处理厂站。此外，现有的数据模型或机理模型的模拟效果只是接近真实的情况，无法做到模型与真实等同。水质数据的缺失加上现有模型的不足，现有的模型更加不能反映出真实条件下的情况，也就无法为智慧水务中的智慧污水系统提供更加科学的建议或方案。要解决这个问题，就需要借助对不完整数据的统计分析、数据拟合，及对大量相关历史数据的机器学习等方法，对缺失数据进行预测。可以将上述数据分析和处理模块嵌入现有的机理模型或数据模型中对其进行优化，使其在缺省数据条件下增加优化计算结果的准确率。

14.3.2.2　问题数据条件计算优化

温度、DO、COD、pH、氨氮+硝酸盐氮、TP（总磷）等指标是污水处理厂处理工艺工程检测的重点指标，智慧水务的基础就是依靠各类精密探头对污水水质实时监测，以便能及时调整工艺运行参数，使运行参数达到最优化。当前市场出售的精密水质探测设备虽然灵敏度较高但使用寿命短暂，而且这些监测探头多安装在污水处理工艺中的曝气工段。水质监测探头的安装位置是相对固定的，但是整个曝气阶段曝气池中污水的负荷不均匀分布（有的位置污染物负荷较高但有的位置负荷相对较低），可能产生的结果就是监测探头传给控制系统的水质数据异常（高于或低于真实值），导致控制系统给出了错误的反馈，进一步导致曝气量与加药量过多或不足，造成能源物资的过度消耗或出水水质不能达标。

问题数据的出现一般表现有三种表现形式：一是探头获得的数据剧增或骤降，明显异常；二是数据长期稳定在某一数值周围，但其波动很小，出现这类情况的原因可能是某类污染物含量超出了精密探头的量程；三是数据平稳变化，但从整体看明显与正常情况不同，数据整体上发生了位移。问题数据与真实值差异显著，但两者之间可能存在一种潜在的未知的联系，因此可以定义一个偏差指数 k（k 的取值范围为零到无穷大），其代表探头探测出的值与真实值之间的联系，采用式（14-1）计算出真实值与探测值之间的关系：

$$C_{真} = kC_{测} + c \tag{14-1}$$

式中，$C_{真}$、$C_{测}$ 分别表示真实值与探测值；c 代表一个未知常数；k 则为偏差指数；k 越小或越大都表示探测值越偏离真实值，其中 k 越小说明探测值远大于真实值，k 越大说明探测值远小于真实值；k 越接近 1 则代表探测值越接近真实值，如果 k 等于 1，这时可认为探测值就是真实值。

问题数据的出现在目前看来是不可避免的，但可以采用一些手段来避免或减轻问题数据带来的后果。当前市场出售的 COD 探头性能不稳定，污水处理厂站 COD 检测方法多是采用消解检测，但随着智慧水务的深入发展，COD 探头的潜力会被逐步挖掘出来。针对 COD 探头性能不稳定的问题，可以通过一定手段解决。一方面，可以通过技术手段强化 COD 探头的性能。另一方面，可以在问题数据条件下进行计算优化，DO 探头、pH 探头、TP 探头的性能比较稳定，得到的数据较为准确，在已知污水 DO、pH、TP 等水质数据的基础上，COD 探头获取的数据乘以一个偏差指数 k，再对建立的污水水质数据模型进行计算优化，这样就可以得到一个比较合理的 COD 值。

14.3.2.3　外围数据关联分析

大数据分析技术的一个非常重要的特点就是体现为一个"大"，其意义不仅仅是数据多，更多要求的还是数据的全面，即除了与目标直接相关的因素，还要考虑大量可能对目标产生影响的外围因素，所以外围数据关联分析一直以来都是大数据分析技术发展的一个重点方向。同时一些研究表明外围数据也可以在一定程度上推动智慧水务的发展，如智慧污水系统中，外围数据关联分析不仅能用于污水处理工艺中对污水水质指标的监控，还能应用于污水厂智能控制系统，有利于人工智能板块给出更加科学合理的建议或解决方案。

14.3.2.4　机理模型与数据模型融合优化

复杂过程的建模方法主要包括机理建模、数据建模及混合建模。混合建模技术将过程机理模型与数据模型进行有效融合，在充分利用过程已知机理模型的情况下，同时利用数据模型对过程未知的机理模型进行有效弥补，所以混合建模也可以称之为融合建模。因为融合建模同时具备了机理模型与数据模型各自的优点，因此其应用潜力巨大，并且也引起了国内外众多专家学者们的广泛关注。近年来，融合模型已经被成功地应用于过程建模、过程控制、过程优化、过程监控等众多领域。

现阶段，大多污水处理厂能向外提供的详细数据只有进出水的水量、水质等信息，缺少中间污水处理工艺中各环节的水质数据信息，甚至污水处理厂内部同样缺少处理工艺环节的水质数据，这就给深入研究污水处理过程带来了极大的阻碍。机理模型与数据模型融合而成的机理-数据模型可以有效应用于发展日新月异的智慧污水领域，可以有效地模拟出在污水处理工艺过程中各项水质指标的变化过程。依据机理模型与数据模型的融合程度，可将机理-数据模型分为初步融合、深入融合及完全融合三个阶段。

在初步融合阶段，将在上/下一工艺中获得的水质数据分别输入机理模型与数据模型，机理模型与数据模型各给出一个下/上一工段的处理方案，而为了使污水厂出水水质 100% 达标，选择一个保守方案作为下/上一工段的处理方案，实现了机理模型与数据模型的初步融合。比如，在曝气阶段，机理模型给出的曝气量为 Q，而数据模型给出的曝气量为 $1.2Q$，而为了使出水水质达标，就选择数据模型的曝气量 $1.2Q$。

在深入融合阶段，将在上/下一工艺中获得的水质数据分别输入机理模型与数据模型，机理模型与数据模型各给出一个下/上一工段的处理方案或处理参数。在此阶段，机理-数据模型传输给控制系统的方案或参数是机理模型与数据模型平均值或加权平均值，作为下/上一个处理工艺的方案或参数，实现了机理模型与数据模型的深入融合。比如，如果下/上一个处理工艺为曝气，机理模型给出的曝气量为 X，而数据模型给出的曝气量为 Y，则机理-数据模型传输给控制系统的平均曝气量 $(X+Y)/2$ 或加权平均曝气量 $(aX+bY)$（$0<a<1$，$0<b<1$）作为曝气阶段的曝气量。

在完全融合阶段，机理模型与数据模型之间不再以相对独立的形式存在，而是相互嵌入、相互融合。同一工艺阶段的水质指标在不同时间可以用不同的模型来得到，充分融合了机理模型与数据模型两种模型的优势。比如，污水厂出水磷含量有严格的要求，在某一工艺阶段不同时间的磷含量分别是 $C_{P,0}$、$C_{P,t1}$、$C_{P,t2}$、$C_{P,t3}$（分别代表在 0、t_1、t_2、t_3 时刻的磷含量），不同模型在不同的磷浓度区间对磷的去除效果不同，$0 \sim t_1$ 与 $t_2 \sim t_3$ 时刻用机理模型对磷的去除效果比较好，而 $t_1 \sim t_2$ 时刻用数据模型对磷的去除效果比较好，这样就实现了机理模型与数据模型的完全融合。完全融合阶段的机理-数据模型不仅适用于相同工段的水质指标，还可应用于不同工艺之间。

14.3.2.5 高级功能

虽然智慧污水的目标是追求污水的达标率为100%，然而以目前的技术手段只有通过加大能耗（如过量曝气等方式）才能达到100%的达标率，但通过增加能耗使出水达标又与发展智慧水务的初衷相悖。相关研究发现，99%的出水达标率的成本要远低于100%的出水达标率，因此，可以通过高级功能设置安全模式为不同国家、不同地区的用户依据当地的水务政策（如污水达标率）制定专用的方案。

如某个国家关于污水排放达标率的要求是在一个水质监测周期不能连续四次不达标，否则就要面临高额罚款或其他形式的处罚。假如该国家的某污水处理厂在某个时间内出现过三次出水不达标的情况，那么这个污水处理厂就可以通过高级功能设置安全模式，在该水质监测周期的剩余时间内通过加大曝气或增加投药量使污水排放能100%达标，这样就可以在法律法规的框架下合法地以最小的成本处理污水。

14.3.3 平台板块

14.3.3.1 基于BIM的可视化管理技术

土建与设备可视化模型是在智慧水务中可以用于污水处理设备可视化展示，实现设备可视化管理的工具，同时也是实现设备信息快速查询与统计的平台。利用BIM模型可以将污水处理厂的砖石混凝土建筑及污水处理设备以3D可视化的形式展示出来，并可以为外来的非污水厂工作人员提供相应的信息查询、功能添加、功能更新、设备信息的修改及对可视化智能操作平台实时访问等功能，从而可以对整个污水处理厂的设备进行高效智能化管理[140]。

然而，在缺少BIM可视化模型支撑的情况下，仅利用设备运维数据库系统来管理污水处理厂，无法以3D可视化的形式来辅助污水处理设备的安装、维修与更换等操作，更无法直接、形象地对处理设备进行管理，污水处理设备的管理难度依然较高，而且整合污水处理厂各类资源的管理难度依然很大。

基于BIM模型提供的数据共享平台与设备运行维护数据库相连接，可研发基于BIM的污水处理过程核心工艺单元的管控技术，以实现污水处理设备全生命周期智能化、可视化管理。这样污水处理厂的设备管理人员能实时监测污水处理设备的运行参数，并制订出科学的管理计划及相应的任务安排；负责污水处理设备维护保养工作的技术人员可以通过BIM可视化模型辅助对设备进行精准的维护保养工作，还能通过在数据库中快速查询、维护、维修污水处理设备的相关历史信息，辅助相应的技术人员快速完成处理设备的维护保养工作。

14.3.3.2 城镇污水厂群云管理技术

借助云平台是面向多种仪器、多个平台的优势，集成污水厂群现有的物联网通信、水质监测等系统,可实现数据信息的深度融合与在线共享。基于污水厂群空间分布的可视化平台,包含污水厂水质状况、工艺过程模拟、现有污水处理设施运行状态、工艺特征参数、数据统计、报表管理及历史数据查询等功能,构建高交互性的协同决策平台,实现无须人工干预便可完成对污水厂厂群的在线实时监测,完成日常水质监测的建设,实现实时预案映射,建立可回溯至原始数据采集端的问题数据回流机制和人机界面。

基于水量、DO、COD、pH值、SS等的实用化状态监测技术,结合设备运行状态在不同性质与不同尺度下的工艺运行参数等数据,开发基于运行状态演进的跨尺度互联网+装备云监测模型,运用云管理技术对污水处理设备群进行有效的远程监测与管理。对不同区域的污水监测设备,可以在不同污水处理厂之间增加VPN或者专线,并以物联网通信技术为中心,将物联网通信模块、故障预警系统、工艺运行工况、水质水量等参数模块集成构建智慧水务云监测平台,建立ABC(APP、浏览器、客户端)人机交互方式,可实现进行数据查询、历史数据下载、大数据分析、设备故障预警、报表管理等功能,并通过RBAC(基于角色的权限访问控制)技术控制访问权限。

整合云管理系统中水质多尺度监测参数、设备控制及软硬件特征参数,以及建立的机理模型和(或)参数模型,建立智能决策分析系统,预测水质水量和污染物排放总量趋势变化,并作出相应的处理结果辅助决策建议;通过控制中心,根据模型计算结果发送指令通过网络传送到污水厂群单个厂内设备反馈模块,实现自动调控设备运行状态,从而达到调整及优化工艺参数、厂群调度的目的,即实现自动化、精细化、智能化的远程管控。

参考文献

[1] 王传成. 城乡水务管理理论与实证研究[D]. 泰安：山东农业大学，2006.

[2] 孙海春. 我国城市水资源管理体制创新研究[D]. 长春：东北师范大学，2008.

[3] 谢京. 城市水务大系统分析与管理创新研究[D]. 天津：天津大学，2007.

[4] 谢丽芳，邵煜，马琦，等. 国内外智慧水务信息化建设与发展[J]. 给水排水，2018，54（11）：136-40.

[5] 朱浩. 我国水务产业发展现状分析[J]. 城市建设理论研究：电子版，2014（13）.

[6] 李国欣. 我国城市水务行业PPP模式应用研究[D]. 济南：山东大学，2018.

[7] 陈颉，郝华. 水务企业建立智慧水务体系[J]. 仪器仪表用户，2019，26（04）：102+121-122.

[8] 张扬，郝介江，谷守刚，等. 天津水务集团智慧水务建设构想[J]. 海河水利，2017（s1）.

[9] 朱作文. 城市水务系统管理模式及运作机制研究[J]. 工程技术：全文版，2017（2）：5.

[10] 杨超，刘忠祥，刘杰，等. 浅析智能水务管理系统的建设[J]. 仪器仪表用户，2019（10）.

[11] 张岚，陈昌杰，陈亚妍. 我国生活饮用水卫生标准[J]. 中国公共卫生，2007，23（11）：1281-1282.

[12] 朱党生，张建永，程红光，等. 城市饮用水水源地安全评价（Ⅰ）：评价指标和方法[J] 水利学报，2010，41（07）：778-85.

[13] 环境保护部. 饮用水水源保护区划分技术规范（HJ 338-2018）[S]. 2018,

[14] 生态环境部办公厅. 关于通报全国集中式饮用水水源地环境保护专项行动进展情况的函，2018.

[15] 王肖颖. 城市供水水质监测与预警系统研究[D]. 重庆：重庆大学，2015.

[16] 项小清. 水质监测的监测对象及技术方法综述[J]. 低碳世界，2013，（6）：70-71.

[17] 张兰真，邢昱，孔海燕. 水质监测预警系统在饮用水水源地监测的应用[J]. 化工设计通讯，2018，44（02）：212.

[18] 殷昊源. 饮用水水源地安全状况评价及保护对策[J]. 河南水利与南水北调，2017（9）.

[19] 水利部水利水电规划设计总院. 全国城市饮用水水源地安全状况评价技术细则[Z]. 2005.

[20] 王成文. 城市饮用水水源地保护管理中存在的问题及对策[J]. 环境保护与循环经济，2018，38（12）：52-55.

[21] 王晓红. 城镇集中式饮用水水源地安全预警指标体系研究[J]. 环境保护，2018，46（13）：23-27.

[22] 杨琦，田一梅，李震，等. 区域多水源供水系统优化调度[J] 中国给水排水，2019，35（15）：68-72.

[23] 曹明霖，徐斌，王腊春，等. 跨区域调水多水源水库群系统供水联合优化调度多情景优化模型研究与应用[J]. 南水北调与水利科技，2019，6（17）：1-14.

[24] 黄廷伦. 区域突发环境事件风险评估研究[D]. 成都：中共四川省委党校，2018.

[25] 朱庆华. 城市集中式饮用水水源地突发环境事件应急管理研究[D]. 西安：西安理工大学，2018.

[26] 韩丽，李超. 北京智慧水务中多水源调度框架探究[D]. 北京：中国矿业大学（北京），2019.

[27] 张玉先. 给水工程[M]. 北京：中国建筑工业出版社，2011.

[28] 黄卫忠. PLC自动化控制系统在水厂中的应用[J]. 自动化应用，2018（06）：42-43.

[29] 王营博，许同乐，陈康. DCS系统在水厂远程监控中的应用[J]. 自动化仪表，2016，37（01）：52-56.

[30] 朱报开，漆青松，金璐，等. 略谈水厂智能化控制系统的设计[J]. 工业控制计算机，2011，24（01）：23-24+27.

[31] 邓刚. 城北水厂自动化系统的规划设计[D]. 南京：东南大学，2017.

[32] 王鼎顺. 现代自来水厂自动化控制系统的研究与实现[D]. 长沙：湖南大学，2007.

[33] 詹国华. 净水厂中自动加药系统设计探讨[J]. 江西化工，2016（05）：69-71.

[34] 王梦茹，武福平，张国珍. 净水厂智能化水处理系统研究进展[J]. 内蒙古科技与经济，2017（08）：63-65.

[35] 李常虹. 沈阳市供水管网水质在线监测点优化布置与应用效能研究[D]. 哈尔滨：哈尔滨工业大学，2014.

[36] 张鹏. G市某管网水力水质监测点优化选址研究[D]. 长沙：湖南大学，2013.

[37] 杨东豫. 城市日用水量预测及监测点优化布置技术研究与应用[D]. 青岛：青岛理工大学，2010.

[38] 付浩. 基于水力模型的供水管网水质监测预警系统的研究[D]. 西安：长安大学，2017.

[39] 伍悦滨，赵洪宾，张海龙. 用节点水龄量度给水管网的水质状况[J]. 给水排水，2002（05）：40-42+3-4.

[40] 周书葵. 城市供水SCADA系统管网监测点优化布置的研究[D]. 长沙：湖南大学，2003.

[41] 尹兆龙，信昆仑，项宁银. 供水管网压力监测点布置的实用方法[J]. 中国给水排水，2014，30（02）：19-23.

[42] 黄廷林，丛海兵. 给水管网测压点优化布置的模糊聚类法[J]. 中国给水排水，2001（11）：50-52.

[43] 朱良华. 基于整数编码遗传算法的给水排水管网优化设计[D]. 合肥：合肥工业大学，2007.

[44] 王绍伟，李树平，刘先品，等. 供水管网内部流量监测技术及其应用[J]. 给水排水，2009，45（10）：107-111.

[45] 王彤，刘翔翔，赵明，等. 基于水力模型的供水管网分区管理在北方某市的应用[J]. 科学技术与工程，2018，18（01）：88-96.

[46] 杜坤. 供水管网水力模型校核与漏损定位研究[D]. 重庆：重庆大学，2014.

[47] 王珞桦，李红卫，吕谋，等. 基于BP神经网络深度学习的供水管网漏损智能定位方法[J]. 水电能源科学，2019，37（05）：61-64.

[48] 吕茜彤. 城市供水系统优化调度的研究[D]. 西安：西安科技大学，2019.

[49] 毛茂乔.《城镇供水管网漏损控制及评定标准》修订影响解读[J]. 城乡建设，2019（04）：56-57.

[50] 徐涛，李建军，张俊杰. 智能二次供水系统发展趋势[J]. 城乡建设，2019（18）：57-59.

[51] 邹亨保，王文胜. 新型智能二次供水控制系统研究[J]. 机电信息，2019（24）：36-38.

[52] 吴永强，王楚濛，毛旭阳，等. 基于BIM技术的供水管网智慧运维的研究[J]. 河北建筑工程学院学报，2018，36（01）：61-64.

[53] 常晓毅. BIM技术在给水排水工程设计中的应用研究[J]. 科学技术创新，2019（12）：122-123.

[54] 姚灵. 我国智能水表技术标准体系的研究与构建[J]. 中国标准化，2013（07）：66-70.

[55] 刘平进. 浅谈智能水表的计量特性与应用现状[J]. 中国建材科技，2019（3）：1-2.

[56] 姚灵."互联网+智能水表2.0"推动水表产业转型升级[J]. 工业计量，2015，25（06）：26-28.

[57] 张郁颀，韩禹. 浅析呼叫中心的智能化发展趋势[J]. 中外企业家，2019（01）：69-70.

[58] 董平敏. 遥感技术在水文水资源领域中的应用分析[J]. 中国地名，2019（05）：37.

[59] 晏淑梅. 大气颗粒物自动监测仪器的新进展[J]. 科技资讯，2011（23）：139.

[60] 何锋，刘祖根，余建坤，等. 数据挖掘技术课程中的贯穿式案例教学设计[J]. 科技资讯，2019，17（10）：169-171+173.

[61] 王新成. 互联网出口质量自动拨测系统研究与实践[J]. 科技视界，2019（24）：100-101.

[62] 原建光. 工业园区污水处理厂提标扩建后的精细化管理[J]. 中国给水排水，2019，35（2）：129-132.

[63] 王强，文宇立，叶维丽，等. 我国污水处理设施的发展现状与存在问题研究[J]. 环境保护科学，2015（6）：9-14.

[64] 马威，陈海清. 小城镇污水处理设施建设与运行问题分析[J]. 智能城市，2019，5（08）：133-134.

[65] 甘申东，余艳鸽. 我国城市污水处理厂运行存在问题及解决对策研究[J]. 环保科技，2018，24（06）：56-61.

[66] 常江. 新形势下我国污水处理行业设备需求趋势[J]. 通用机械，2015（12）：20-21.

[67] 李群. 污水处理自动控制系统设计及研究[J]. 商业文化，2009（08）：349-350.

[68] 陈传星，康孝友. 城市污水处理在线监测管理系统的研究与应用[J]. 中国高新技术企业，2009（14）：4-6.

[69] 马振奇，李建鹏，王韩朋，等. 对氨氮在线监测仪测量原理和检定有关问题的探讨[J]. 计量与测试技术，2019，46（03）：83-85.

[70] 杨光. 城市污水处理监测数据处理技术应用[J]. 民营科技，2010（2）：7.

[71] 李玲. 污水处理智能控制系统设计与实现[D]. 株洲：湖南工业大学，2012.

[72] Tsai Y P, Ouyang C F, Wu M Y, et al. Effluent suspended solid control of activated sludge process by fuzzy control approach[J]. Water Environ Res, 1996, 68（6）: 1045-1053.

[73] Manesis S A, Sapidis D J, King R E. Intelligent control of wastewater treatment plants[J]. Artificial Intelligence in Engineering, 1998, 12（3）: 275-81.

[74] Nam S W, Myung N J, Lee K S. On-line integrated control system for an industrial activated sludge process[J]. Water Environ Res, 1996, 68（1）: 70-75.

[75] Ferrer J, Rodrigo M A, Seco A, et al. Energy saving in the aeration process by fuzzy logic control[J]. Water Science Technology, 1998, 38（3）: 209-217.

[76] 彭永臻, 王淑莹, 周利, 等. 生物电极脱氮工艺的在线模糊控制研究（一）[J]. 中国给水排水, 1999（2）: 6-10+11.

[77] Belanche L, Valdés J J, Comas J, et al. Prediction of the bulking phenomenon in wastewater treatment plants[J]. Artificial Intelligence in Engineering, 2000, 14（4）: 307-317.

[78] 施汉昌, 王玉珏. 污水处理厂故障诊断专家系统[J]. 给水排水, 2001（08）: 92-94+103.

[79] 张泽伟, 曲鸿章, 谢兴华. 变频器在恒压供水系统中的应用[J]. 自动化技术与应用, 2002, 21（4）.

[80] 王光辉, 杨维, 王虎, 等. 城市污水处理在线监测管理系统的研究与应用[J]. 节能, 2007, 26（1）: 24-27.

[81] 鲍颖祎. 污水处理监测系统的设计与实现[D]. 武汉: 华中科技大学, 2011.

[82] 许进超. 基于模糊神经网络的污水处理过程跟踪控制研究[D]. 北京: 北京工业大学, 2018.

[83] 吴羽. 关于海绵城市建设模式的实践研究[D]. 杭州: 浙江工业大学, 2016.

[84] 王东进. 一体化预制泵站设计开发研究及应用[J]. 通用机械, 2014（7）: 87-88.

[85] 谢继荣, 李建军. PLC 在污水处理厂控制系统中的应用[J]. 给水排水, 2002, 28（7）: 81-84.

[86] 曹焕来. 污水处理过程自动控制系统的设计与实现[D]. 上海: 华东理工大学, 2012.

[87] 彭党聪. 水污染控制工程[M]. 3 版. 北京: 冶金工业出版社, 2010.

[88] 钟木喜. 污水处理厂处理污水的新技术分析[J]. 科技创新与应用, 2012（8Z）: 145-145.

[89] 郭晓磊, 杨静. 人工神经网络在污水处理中的应用[J]. 广东化工, 2008（08）: 90-92.

[90] Wu G D, Lo S-L. Effects of data normalization and inherent-factor on decision of optimal coagulant dosage in water treatment by artificial neural network[J]. Expert Systems with Applications, 2010, 37（7）: 4974-4983.

[91] 刘光莲. 活性污泥数学模型在污水处理中的研究和应用进展[J]. 水科学与工程技术, 2009（1）: 31-33.

[92] 韦安磊. 污水处理过程数学模型方法及其关键技术研究[D]. 长沙: 湖南大学, 2010.

[93] 《中国能源》编辑部. 2017 中国生态环境状况公报发布[J]. 中国能源, 2018, 40（6）: 4.

[94] 任可. 基于铁碳载体耦合浮游绿岛修复城市受污染水体及底泥的研究[D]. 北京: 北京交通大学, 2019.

[95] 张恒. R环保股份有限公司经营战略研究[D]. 广州：华南理工大学，2018.

[96] 袁小杰. 基于云计算的物联网开放平台设计与实现[D]. 杭州：浙江工业大学，2015.

[97] 吴玉洁，赵晓君，黄润华. 基于云计算的现代农业监控系统设计与实现[J]. 农业开发与装备，2019，208（04）：53-54.

[98] 梅丹，艾伟. 水务数字化管理模式在水务集团的应用[J]. 给水排水，2014（s1）：401-403.

[99] 余立业. 少人或无人值守污水处理厂的构建与展望[J]. 企业技术开发，2018，37（07）：105-107.

[100] 裴静，尹曙辉. 一种综合水处理装置的物联网技术改造——以格栅除污装置为例[J]. 科技资讯，2016（34）.

[101] 韩术，曾孝平，曾浩，等. 基于无线自组网的实验室预约与管理系统设计[J]. 工业和信息化教育，2018，72（12）：92-98.

[102] 李琦. 吉化污水处理厂远程无人值守监控系统的设计和开发[D]. 长春：吉林大学，2014.

[103] 张鹏，周光明，韩兴连. 污水厂泵站无人值守工程应用研究[J]. 无线互联科技，2013（3）：117-118.

[104] 黄宗杰. 污水处理厂设备运行的管理及维护措施[J]. 环境与发展，2017（6）：62-63.

[105] 张永民. 解读智慧地球与智慧城市[J]. 中国信息界，2010（10）：23-29.

[106] 陈建军. 从数字地球到智慧地球[J]. 国土资源导刊，2010（10）：95.

[107] 巫细波 杨再高. 智慧城市理念与未来城市发展[J]. 城市发展研究，2010（11）：56-60，40.

[108] 王鑫. 智慧城市的原理及其在我国城市发展中的功能和意义[J]. 工程技术：全文版，2011（5）：97-102.

[109] 陈柳钦. 智慧城市：全球城市发展新热点[J]. 全球科技经济瞭望，2011，26（4）：49-59.

[110] 郑文超，贲伟，汪德生. 智慧交通现状与发展[J]. 指挥信息系统与技术，2018，52（4）：12-20.

[111] 张玉柱. GPRS技术在集装箱堆场流动机械作业过程中的应用[J]. 中国新技术新产品，2013（14）：25-26.

[112] 杨红艳. 浅析供水企业如何实现扭亏增盈[J]. 现代工业经济和信息化，2017（08）：21-23.

[113] 王高峰. 城市污水处理厂曝气节能措施探析[J]. 水能经济，2015（12）：277.

[114] 张所平. 污水处理厂能耗和物耗分析[J]. 金融经济，2016（04）：123-4.

[115] 廖正伟，胡彦华，丁陈. 智慧水务研究与实践[M]. 北京：科学出版社，2018.

[116] 敖旭平，徐斌，金凡，等. 智慧水务在农村生活污水处理中的应用研究[J]. 中国给水排水，2015，31（08）：34-36.

[117] 杨高升，谢秋皓. 长江经济带绿色水资源效率时空分异研究——基于SE-SBM与ML指数法[J]. 长江流域资源与环境，2019，28（02）：112-121.

[118] 温青，吴英，王贵领，等. 双极室联合处理啤酒废水的微生物燃料电池[J]. 高等学校化学学报，2010（06）：180-183.

[119] 叶晔捷, 宋天顺, 徐源, 等. 用高浓度对苯二甲酸溶液产电的微生物燃料电池[J]. 环境科学, 2009（4）: 287-292.

[120] 丁灌南. 公有私营—美国水务市场发展趋势[J]. 中国水利报, 2006, 8（8）.

[121] 鲁宇闻. 英国水务管理及近远期规划研究——以泰晤士水务为例: 2016 中国环博会污泥论坛与膜法论坛论文集[C]. 上海: 净水技术杂志社, 2016.

[122] 丘水林, 黎元生. 英国流域水务民营化运作机制及其启示[J]. 华北水利水电大学学报（社会科学版）, 2016, 32（2）: 16-9.

[123] 徐朝阳. 英国水务行业私有化变革的启示[J]. 资源与产业, 2011, 13（04）: 32-36.

[124] 刘渝, 杜江. 价格上限管制下的英国水价运行机制——透析英国水价制度及其对我国启示[J]. 价格理论与实践, 2010（2）: 39-40.

[125] 杨国彪. 20 世纪末英国保守党执政期间的私有化政策[J]. 世界经济与政治, 2002（6）: 60-64.

[126] 张康生. 泰国水污染概况[J]. 环境与可持续发展, 1983（15）: 8-9.

[127] 滕雷军. 浙江天时国际公司开拓东南亚水务市场的对策研究[D]. 长春: 吉林大学, 2007.

[128] 米良. 泰国水资源管理及其法律制度探析[J]. 广西社会科学, 2014（6）: 52-55.

[129] 吴曼玲, 陈一飞, 李琦, 等. 基于灰色预测的温室地源热泵系统温度变频调控及验证[J]. 农业工程学报, 2016（16）: 183-187.

[130] 王鉴, 郭天娇, 丰铭, 等. 高含盐工业废水处理技术现状及研究进展[J]. 煤化工, 2015, 43（3）: 18-21.

[131] 杨二帅, 蔡晓君, 周梅, 等. 重金属废水的处理技术研究[J]. 当代化工, 2018（1）: 167-170.

[132] 徐静. HDPE 内穿插技术在给水管道改造中的应用[J]. 科技信息, 2010（20）: 726-727.

[133] 邰娜, 刘辉. 智慧水务建设中的工业控制系统网络安全简析[J]. 物联网技术, 2018, 90（8）: 118-119.

[134] 肖钰, 赖翼飞. 智慧水务建设中网络安全设计和规划策略[J]. 电脑迷, 2018, 94（5）: 80.

[135] 李钰婷. 智慧水务网络安全性设计探析[J]. 陕西水利, 2018, 212（3）: 254-255+258.

[136] G C C. Oregon Water Quality Index A Tool for Evaluating Water Quality Management Effectiveness1[J]. Jawra Journal of the American Water Resources Association, 2007, 37（1）: 125-137.

[137] Liu J, Liu M, Tian H, et al. Spatial and temporal patterns of China's cropland during 1990 2000: An Analysis Based on Landsat TM Data[J]. Remote Sensing of Environment, 2005, 98（4）: 442-456.

[138] 石敬. 渤海海域大型溢油应急综合遥感监测体系研究[D]. 大连: 大连海事大学, 2012.

[139] 张克, 张凯, 牛鹏涛, 等. 遥感水质监测技术研究进展[J]. 现代矿业, 2018, 34（11）: 179-182+210.

[140] 王廷魁, 张睿奕. 基于 BIM 的建筑设备可视化管理研究[J]. 工程管理学报, 2014（3）: 32-36.